一枝一叶总关情

——东北大学校园观赏植物图鉴

（木本植物）

主　审　孙　雷

主　编　袁　飞

东北大学出版社

·沈　阳·

图书在版编目（CIP）数据

一枝一叶总关情：东北大学校园观赏植物图鉴．木本植物 / 袁飞主编．— 沈阳：东北大学出版社，2023.8

ISBN 978-7-5517-3347-2

Ⅰ．①一…　Ⅱ．①袁…　Ⅲ．①东北大学—观赏植物—图集　Ⅳ．①Q948.523.11-64

中国国家版本馆 CIP 数据核字（2023）第 152042 号

出 版 者：东北大学出版社
地址：沈阳市和平区文化路三号巷 11 号
邮编：110819
电话：024-83680176（编辑部）　83687331（营销部）
传真：024-83687332（总编室）　83680180（营销部）
网址：http://www.neupress.com
E-mail：neuph@neupress.com
印 刷 者：辽宁新华印务有限公司
发 行 者：东北大学出版社
幅面尺寸：210 mm×285 mm
印　　张：13
字　　数：393千字
出版时间：2023年8月第1版
印刷时间：2023年8月第1次印刷
策划编辑：向　阳　刘桉彤
责任编辑：汪彤彤
责任校对：曲　直　张　媛
封面设计：马艺菲

ISBN 978-7-5517-3347-2　　定　价：100.00元

序 言

大学百年，何以为证？在，大师、大楼、大树。

清华大学永远的老校长梅贻琦说：“所谓大学者，非谓有大楼之谓也，有大师之谓也。”西南联大毕业生汪曾祺先生说：“所谓故国者，非有乔木之谓也，然而没有乔木，也就不能称其为故国。”大学里长夜青灯春风化雨的大师学者、高低雅俗错落有致的亭台楼榭、亭亭如盖苍翠挺拔的茂林修竹……都镌刻着大学发展的风雨历程，承载着大学文化的永恒基因，是导引我们识读大学历史的最佳地图。

作为一所有着深厚爱国主义情怀的大学，东北大学始终与祖国和民族同呼吸共命运。一部百年东大校园变迁史见证和折射了中华民族的发展史，而在这部百年史中，师生校友、亭台楼宇、草木山水是最动人的乐章：1923年，北陵兴校扛起文化救国的大旗，彼时的东北大学舍宇壮丽、良师荟萃、学风淳沐，极一时之盛，正可谓“白山黑水相绕绚，山风悦动松涛赞”；九一八事变后，东北大学一路流亡一路办学，一二·九运动北平的街头、西安校舍大礼堂边的基石、杜甫草堂边学校通道旁一直延伸到大门口的壁报……都记录着在那段财力物力两感窘迫的岁月里，东大师生直面困苦、笑对艰难、追求学术发展的文化气象；迁返沈阳后，东工人在几行衰柳、一片黄芦的南湖之畔，开拓希望，铸就辉煌，冶金学馆、建筑学馆、采矿学馆、机电学馆，几大建筑相继落成，东工人的梦想和希望在此继续腾飞；2014年东北大学浑南校区正式投入使用，红砖白瓦间，书写着东大人的深情与用心。春风拂绿柳，白桥映碧波。独具特色的建筑交相呼应，构筑出东大格局。高质量的教学和现代化的设备，培育出东大英才。这里是东北大学百年征程中一个全新的文化符号，这里挺起了东北大学百年征程中一个崭新的历史坐标。

一花一木皆是景，一草一树总关情。东大百年，苍松翠柏沧桑的年轮雕琢着岁月的痕迹，东大的人文精神就在这些大树下，如树木的年轮，一圈又一圈地累积着；亭台楼榭古朴典雅的气质记录着时间的流淌，东大的文化底蕴就蕴藏在这些建筑间，如稳固的地基，一层又一层地夯实着……东大百年，东大人秉持着“自强不息、知行合一”的校训精神，打造了集自然资源、人文资源、文化价值、精神面貌、审美趣味和价值取向于一体的空间体系，形成以树木、花草、山水为主体的自然景观和以雕塑、园林、广场为主体的人文景观，景观载体具有观赏、文化与生态的综合价值。

植物作为校园环境中唯一有生命的园林要素，通过形态、色彩、气味和季相变化来表达多姿多彩，通过花、叶、果、干、枝、芽来展现各自的风韵风姿。多种植物的搭配与周围建筑的交相辉映，再加上阴晴雨雪的天气变化，每种植物在属于自己的季节里争相绽放，呈现出植物群落的自然之美，展现出富于变化的园林景观。经过几代东大人的默默耕耘，校园观赏植物品种不断丰富，逐步建成了桃李园、樱花园、枫树园、玉兰园、海棠园等专类园景观，陆续形成了油松、银杏、心叶椴、白蜡、国槐等行道树景观，精心打造了荷花、睡莲、芦苇、黄菖蒲、玉蝉花等水体景观。如今的校园已是春花、夏茂、秋实、冬青，处处有景，季季不同，郁郁葱葱、花团锦簇，一片生机盎然的景象。植物除了本身的自然美之外，在园林中起到绿化美化作用的同时，还是一个文化符号、一种文化载体，在漫长的社会发展进程中，人们在与植物复杂的叠加与互动过程中，赋予了植物独特的文化内涵，积累了各种物质的和非物质的文化成果。

牡丹色泽艳丽，富丽堂皇，素有“花中之王”“国色天香”的美誉。白玉兰冰清玉洁、淡雅素净，引喻不畏世俗、为人清廉、坚守初心。每年4月的早春，南湖校区信息学馆南满树的玉兰花仿佛雕刻的羊脂白玉点缀在枝头，文徵明在《玉兰》一诗中用“绰约新妆玉有辉，素娥千队雪成围”来形容玉兰花开的形态。海棠花自古以来就是雅俗共赏的名花，素有“花中神仙”之称，海棠季里的校园，树树繁花、簇簇粉红、楚楚有致。樱花原产于中国的喜马拉雅山脉，起源于中国，从先秦到现在，栽培历史长达2000年之久，樱花象征着热烈、纯洁、高尚与浪漫。每到6月，冶金馆南一大片日本晚樱专类园中重瓣粉色樱花的绚丽绽放是师生的最爱。杜鹃是中国十大名花之一，古人将杜鹃花看作圣洁之花、现代志士之士，把它看作崇高的化身，歌颂它是革命之花、英雄之花。杜鹃既代表着富贵、繁荣与乐观，也代表着革命的胜利和忠诚。浑南校区粉红色的迎山红杜鹃在小南湖的映衬下，显得格外耀眼。桃花是理想世界之花，与大学校园的特质不谋而合，李花洁白秀美，质朴清纯，深受人们喜爱，桃红李白，桃李寓意“桃李满天下”，体现了师生对母校的深深祝福。紫丁香寓意勤奋、谦逊，象征良好的校风，激励学子积极学习，奋发向上。紫丁香还寓意着无价、真挚的友谊。每逢五一节前后，校园里到处洋溢着丁香那股浓郁的沁人心脾的香气，南湖校区建筑馆西南那三株紫丁香吸引着无数师生驻足留影。

除了花的明艳动人之外，松柏则具有阳刚之美，其枝干有柔中带刚的特质，同时是常青不老的象征，常用来比喻君子坚强正直的品格。南湖校区井字路主干道行道树乃是随校区建设时一同栽植的，距今已超过70年的树龄，是东北大学的瑰宝，也是东大校园里最具特色的风景线，尤其是在漫长的冬季，万物俱寂，白雪皑皑，只有松柏常青，愈显校园古朴典雅、坚毅挺拔、活力四射。柳在中国传统文化中是重情义的象征，古人折柳惜别即是此意，早春寒冷之时，柳枝开始萌发，深秋冬冷之际，柳叶仍迟迟不败，生命力何其顽强。银杏为中生代孑遗植物，系我国特产，与中国的儒释道文化有相当深的渊源，也自然地表达了中国古典人文情怀，东北大学普遍应用于行道树，深秋之时，层林尽染，满目金黄，使师生感受到大自然带来的喜悦和美好。除了这一片金黄的银杏之外，还有醉美红叶的枫树、霜色烂漫的黄栌、缀满枝头的硕果，都给人以绚丽多彩的丰收画卷。

水体是园林的灵魂，从古至今，掇山理水都是景观设计中不可或缺的一部分，水体与植物是相辅相成的，水体与植物文化的关系是互通互融、相互交织的。浑南校区小南湖有一池荷花，炎炎夏日，荷花开放，清香满堂，多有“香远益清，亭亭净植”之感。荷花赋予了水体色彩与生命，借助荷花，水体有了文化氛围和所要表达的思想情感。荷花是高洁的象征，是花中品德高尚的君子，就如周敦颐所写的“出淤泥而不染，濯清涟而不妖”。小南湖畔，一片片芦苇荡，春生夏蕴，秋荡冬消，在四季中变换着不同的姿态，春之芦苇，青翠细长，柔韧向上，显示出蓬勃旺盛的生命力和自强不息的精神；秋之芦苇，干燥泛黄，白花低垂，显示出超然物外的洒脱情怀和与世无争的恬淡心境，正如苏轼《和子由记园中草木》中“黄叶倒风雨，白花摇江湖”所描绘的那样。

观山则情满于山，观海则情溢于海。当你漫步在美丽的校园中，感受着浓缩在各式建筑上的历史文化传承时，感受着繁花新绿所带来的勃勃生机和美好憧憬时，是否想要了解校园里的树为何树、花为何花、果为何果呢？值此东北大学百年校庆之际，让我们走进该书介绍的校园各个角落里每种观赏植物的缩影和文化，留意身边那些被关注和不被关注的生命所带给你生生不息的别样世界吧！

滔滔浑河水，灼灼东大情。

孙　雷

2022年11月22日

前　言

笔者在多年的校园绿化养护管理工作中，曾先后两次，历时六载，分别对东北大学南湖校区、浑南校区以及沈河校区现有校园观赏植物种类及分布情况进行了统计和调查，在此过程中，搜集和积累了大量的观赏植物图片。在翻阅相关植物图谱和植物志来鉴别相近种类时，萌生了将东北大学的观赏植物归类、整理和编辑成一本以图片为主、文字为辅的科普类图书的念头。如此一来，能让东北大学广大师生和校友，特别是爱好植物的朋友们更为直观地了解学校现存观赏植物的种类和分布情况，便于随时查阅。本书也有幸成为东北大学百年校庆系列丛书之一。

本书的篇章是根据园林植物外部形态的分类方法，即木本（乔木、灌木、藤本）和草本（多年生、一至二年生）来设计的。每个篇章中植物的先后顺序则根据植物分类系统的科、属进行排列。其中，裸子植物根据我国林学和树木学专家、中国科学院院士郑万钧于1978年提出的裸子植物分类系统进行排列，被子植物根据美国克朗奎斯特于1981年修订的有花植物的综合分类系统进行排列。截至2021年10月，东北大学校园木本观赏植物共计35科70属156种。

众所周知，沈阳市地处东北，属于温带季风气候，四季分明。每种植物的物候观赏期不同，季相变化也有明显区别，需要对同一种植物在不同季节里持续观察和跟踪拍摄，然后从海量照片中筛选出能展现最佳观赏部位和各时期特色的照片。本书从万余张照片中精选了633张图片。每种植物都从最佳观赏时期的整体和局部（叶、花、果、干、枝、芽等）来展示其最明显的形态特征，便于读者能够全面而快速地查阅和识别。本书中所有图片均是笔者拍摄的，由于拍摄设备和水平有限，特别是少量高大乔木的局部特写更是难以拍摄到位，还请广大读者理解。植物的版面设计力求既统一又变化多样，文字部分主要从形态特征、生长习性、校园分布、价值功用和文化寓意五个方面予以简要介绍，文字内容绝大部分来源于植物智网站（www.iplant.cn），但内容根据版面大幅度删减。如各位读者想了解更多信息，可通过扫描二维码名片来获取每种植物的详细知识，本书中的二维码也来源于植物智网站。

本书在编写和出版过程中，得到了薛必春、李桂宾、王义秋、闫研、高方武、向阳等领导的大力帮助和支持，在植物鉴别方面得到了李作文、林淑梅、高占山、刘俊祥、樊磊、付晓云等校友的帮助，在此表示衷心的感谢。特别感谢中国科学院植物研究所系统与进化植物学国家重点实验室所属植物智网站提供的数据支撑。

由于笔者水平有限，本书中难免出现错误，还请读者能够理解和谅解，也欢迎及时指出，本人将进一步完善。下一册草本植物也在积极准备中，希望早日能够和读者见面，欢迎持续关注。

袁　飞

2023年5月21日

目 录

第一篇 乔木

第二篇　灌木

第三篇　藤本

第一篇　乔木

乔木是指树身高大的树木，由根部生发独立的主干，树干和树冠有明显区分。通常高达6米至数十米。依其高度可分为伟乔（31米及以上）、大乔（21~30米）、中乔（11~20米）、小乔（6~10米）四级。

乔木又分为常绿乔木和落叶乔木。常绿乔木是指终年具有绿叶的乔木，并且每年都有新叶长出，在新叶长出的时候，也有部分旧叶脱落。由于是陆续更新，所以终年都能保持常绿。落叶乔木是指每年秋冬季节或干旱季节叶全部脱落的乔木。落叶是由短日照引起的，短日照时其内部生长素减少，脱落酸增加，产生离层，从而导致落叶。

园林植物有多种分类方式，例如，银杏既属于落叶乔木，又是裸子植物，本植物图鉴将其列在裸子植物章节中予以介绍；砂地柏和矮紫杉既属于常绿灌木，又是裸子植物，本植物图鉴也将二者列在裸子植物章节中予以介绍。

本篇共收录26科48属113种。

裸子植物门（*Gymnospermae*）。乔木，少为灌木。茎的维管束排成一环，具形成层，次生木质部几乎全部由管胞组成，稀具导管。叶多为针形、条形或鳞形。花单性，雄蕊（小孢子叶）疏松或紧密排列，组成雄球花（小孢子叶球），多为风媒传粉；胚珠（大孢子囊）裸生，整个胚珠发育成种子；胚具两枚或多枚子叶，胚乳丰富。

本书第一篇乔木下属银杏科至红豆杉科为裸子植物门，现代的裸子植物有不少种类是从距今约6500万年至250万年的新生代第三纪开始出现的，又经过第四纪冰川时期保留下来，繁衍至今。

现代裸子植物的种类分属于4纲9目12科71属近800种。我国有4纲8目11科41属236种47变种。东北大学有2纲3目4科10属20种。

银杏纲（*Ginkgopsida*）。落叶乔木，树干端直分枝，次生木质部由管胞组成。叶为单叶，扇形，具长柄，有多数叉状并列细脉。球花单性，雌雄异株，生于短枝顶部的鳞片状叶的腋内；雄球花具短梗，柔荑花序状，雄蕊多数，螺旋状着生；雌球花具长梗，梗端常分两叉。种子核果状，具三层种皮，胚乳丰富。银杏纲现仅1目1科1属1种，为我国特产。

银杏目（*Ginkgoales*）。其形态特征与纲同。

银杏科（*Ginkgoaceae*）。落叶乔木，树干高大，分枝繁茂。枝分长枝和短枝。叶扇形，有长柄，具多数叉状并列细脉，在长枝上螺旋状排列散生，在短枝上呈簇生状。球花单性，雌雄异株，生于短枝顶部的鳞片状叶的腋内，呈簇生状；雄球花具短梗，柔荑花序状，雄蕊多数，螺旋状着生。种子核果状，具长梗，下垂，外种皮肉质，中种皮骨质，内种皮膜质，胚乳丰富。

银杏科仅1属1种，我国浙江天目山有野生状态的树木，其他各地栽培很广。银杏为中生代孑遗的稀有用材树种，种子可供食用及药用。树形优美，是重要的庭园观赏树种，也可做行道树。

银杏科

银杏 *Ginkgo biloba* L.

银杏科　银杏属　　　别名：公孙树、白果

微百科

秋季形态（南湖校区一、二舍南行道树）

秋季形态（沈河校区教学一馆东行道树）

形态特征：落叶乔木。枝近轮生，斜上伸展（雌株的大枝常较雄株开展）。叶扇形，有长柄，淡绿色，无毛，有多数叉状并列细脉，在短枝上常具波状缺刻，在长枝上常2裂，叶在一年生长枝上螺旋状散生，在短枝上呈簇生状，秋季落叶前变为黄色。球花雌雄异株，单性，生于短枝顶端的鳞片状叶的腋内，呈簇生状；雄球花柔荑花序状，下垂；雌球花具长梗，梗端常分两叉，风媒传粉。种子具长梗，下垂，常为椭圆形，外种皮肉质，熟时黄色或橙黄色，外被白粉，有臭味；中种皮白色，骨质；内种皮膜质，淡红褐色；胚乳肉质，味甘略苦。花期4月，种子9—10月成熟。

秋季形态（浑南校区图书馆西行道树）

扇形叶片形态（夏季）　　雄花及花序形态　　雌花及花序形态

生长习性：银杏为中生代孑遗的稀有树种，系我国特产，仅浙江天目山有野生状态的树木。银杏的栽培区甚广：北自东北沈阳，南达广州，东起华东，西南至贵州、云南西部均有栽培。

喜光树种，深根性，对气候、土壤的适应性较宽，能在高温多雨及雨量稀少、冬季寒冷的地区生长，但生长缓慢或不良，不耐盐碱土及过湿的土壤。

东北大学树龄最大2株银杏的秋季形态（南湖校区八舍南）

种子形态（未成熟时）

种子形态（成熟时）

校内分布：南湖校区南门，西门，一、二舍南，主楼南等行道树以及多处庭院树，浑南校区图书馆东西两侧行道和树阵、南门行道等多地，沈河校区主楼东行道树等。

价值功用：银杏树形优美，春夏季叶色嫩绿，秋季变成黄色，颇为美观，可做庭园树及行道树。

种子供食用（多食易中毒）及药用。叶可做药用和制杀虫剂，也可做肥料。

在长期栽培银杏的过程中，选育出许多种子大、种仁品质好的优良品种，生产干果。

文化寓意：银杏与中华优秀传统文化有相当深的渊源，也自然地表达了中国古典人文情怀。银杏还寓意坚韧、沉着、纯情、永恒的爱情。

松杉纲（*Coniferopsida*）。常绿或落叶乔木或灌木，茎的髓部小，次生木质部发达，由管胞组成，无导管，多具树脂细胞。叶条形、钻形、针形、鳞形、刺形或披针形，单生或成束。花单性，雌雄异株或同株；雄球花单生或组成花序，雄蕊多数；雌球花的珠鳞两侧对称，生于苞鳞腋部；球果成熟时张开，稀合生，种子有翅或无翅；或种子核果状或坚果状，全部或部分包于肉质假种皮中。

松杉纲共4目7科57属约600种，我国有4目7科36属209种44变种（其中引入栽培1科7属51种2变种）。东北大学有2目3科9属19种。

松杉目（*Pinales*）。常绿或落叶乔木，稀为灌木。叶单生或成束，条形、钻形、针形、披针形、刺形或鳞形，螺旋状着生或交叉对生或轮生，通常表皮具较厚的角质层及下陷的气孔。花单性，雌雄同株或异株；雄球花具多数螺旋状着生或交叉对生的雄蕊；雌球花的珠鳞两侧对生。球果的种鳞成熟时张开，种子有翅或无翅。

松杉目约400种，分属于4科44属，以北半球温带、寒带的高山地带最为普遍。我国产3科23属125种34变种，为国产裸子植物中种类最多、经济价值较大的一目，分布几遍全国。多系庭园绿化及造林树种。东北大学有2科8属18种。

松科（*Pinaceae*）。常绿或落叶乔木；枝仅有长枝，或兼有长枝与生长缓慢的短枝，短枝通常明显。叶条形或针形，条形叶扁平，稀呈四棱形，在长枝上螺旋状散生，在短枝上呈簇生状；针形叶通常2～5针成一束，着生于极度退化的短枝顶端，基部包有叶鞘。花单性，雌雄同株，雄球花腋生或单生枝顶，具多数螺旋状着生的雄蕊；雌球花由多数螺旋状着生的珠鳞与苞鳞组成。球果直立或下垂，当年或次年稀第三年成熟，熟时张开。

松科约230种，分属于3亚科10属，多产于北半球。我国有10属113种29变种，分布遍于全国，均系高大乔木。东北大学有4属10种。

柏科（*Cupressaceae*）。常绿乔木或灌木。叶交叉对生或3～4片轮生，稀螺旋状着生，鳞形或刺形，或同一树木兼有两型叶。球花单性，雌雄同株或异株，单生枝顶或叶腋。球果圆球形、卵圆形或圆柱形；种子周围具窄翅或无翅，或上端有一长一短之翅。

柏科有22属约150种。我国产8属29种7变种，分布几遍全国，多为优良的用材树种及园林绿化树种。东北大学有4属8种。

松科

沙松冷杉　*Abies holophylla* Maxim.

松科　冷杉属　　　别名：沙松、杉松、辽东冷杉

树木整体形态（南湖校区秋实园中间的5株）

叶片背面气孔带形态

新发叶片和上年叶对比

形态特征：常绿乔木。幼树树皮淡褐色、不开裂，老则浅纵裂，灰褐色或暗褐色；枝条平展。叶条形，先端急尖或渐尖，上面深绿色，下面沿中脉两侧各有1条白色气孔带。球果圆柱形，熟时淡黄褐色或淡褐色。花期4—5月，球果10月成熟。

生长习性：耐阴，喜冷湿气候，耐寒。浅根性树种，幼苗期生长慢，10年后渐加速生长，寿命长。

校内分布：南湖校区秋实园、双馨苑东绿地、信息学馆北等多处，浑南校区四号和五号学生宿舍东等，沈河校区亦有分布。

价值功用：沙松冷杉为国产冷杉属中木材优良的树种，也是东北林区的用材树种之一。木材黄白色，材质轻软，可做建筑等用材。树干端直，枝叶茂密，可做园林树种。

文化寓意：代表顽强、坚韧不拔的精神。

微百科

黄花落叶松　*Larix olgensis* Henry

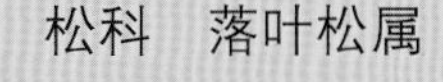

松科　落叶松属　　　别名：黄花松、长白落叶松

树木整体形态（沈河校区）

树皮鳞片状剥离形态

叶片形态

形态特征： 乔木。树皮灰色或灰褐色，纵裂成长鳞片状翅离，易剥落，剥落后呈酱紫红色；枝平展或斜展，树冠塔形。叶倒披针状条形，先端钝或微尖。球果成熟前为淡红紫色或紫红色，成熟时为淡褐色。花期5月，球果9—10月成熟。

生长习性： 性喜寒冷湿润，土壤水、肥条件好，能速生丰产；黏土地则生长缓慢。

校内分布： 仅沈河校区有1株。

价值功用： 可做建筑等用材。树势高大挺拔，冠形美观，根系十分发达，抗烟能力强，是一个优良的园林绿化树种。

文化寓意： 代表大无畏精神。

红皮云杉 *Picea koraiensis* Nakai

松科　云杉属　　　别名：高丽云杉、红皮臭

行道树整体形态（南湖校区春华园南行道树）

形态特征： 常绿乔木。树皮灰褐色，裂成不规则薄条片脱落，裂缝常为红褐色；大枝斜伸至平展，树冠尖塔形。叶四棱状条形，先端急尖，四面有气孔线。球果卵状圆柱形，成熟前为绿色，成熟时为绿黄褐色；种子灰黑褐色。花期5—6月，球果9—10月成熟。

生长习性： 较耐阴、耐寒，也耐干旱；浅根性，侧根发达，生长比较快。

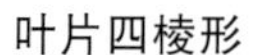

叶片四棱形

球果形态

校内分布： 南湖校区春华园南行道、一二·九花园等多地，浑南校区小南湖、宿舍周围、校友林等多地，沈河校区亦有分布。

价值功用： 木材较轻软，耐腐力较弱，可做建筑用材；树干可割取树脂；也可做造林及庭园树种。

文化寓意： 寓意步步高升、平步青云，也寓意长寿。

蓝粉云杉　*Picea pungens*‘Glauca’

松科　云杉属　　　别名：克罗拉多云杉、北美蓝云杉

蓝杉丛植形态（浑南校区校友林）

单株树木整体形态

叶片形态

球果形态

形态特征：常绿乔木。树形柱状或金字塔状，树皮灰色。一年生小枝棕褐色。叶片小，叶色呈蓝色、蓝绿色，花绿色至橘黄色，雌雄同株，雌蕊绿色或紫色。

生长习性：原产于北美洲。对光照要求高，喜湿润、肥沃和微酸性土壤，干形直，耐寒性强，耐旱，较耐贫瘠，忌高温，怕污染。

校内分布：浑南校区校友林。

价值功用：树形优美，色彩独特，是近年从欧美引入中国的优良彩叶树种，也是世界上唯一的全年蓝色叶植物，属珍稀名贵彩叶树种。因其独特的叶色和优美的树形，与其他植物配置能取得奇特新颖的园林效果。

华山松 *Pinus armandii* Franch.

松科　松属　　　别名：五叶松、白松

微百科

树木整体形态（浑南校区1号学生宿舍南）

五针一束形态

球果形态

形态特征： 常绿乔木。幼树树皮灰绿色，平滑；老树树皮则呈灰色，裂成方形块片固着于树干上，或脱落。一年生枝绿色或灰绿色，无毛，微被白粉。针叶5针一束，仅腹面两侧具白色气孔线。雄球花黄色，卵状圆柱形；球果圆锥状长卵圆形，种鳞张开，种子脱落。花期4—5月，球果第二年9—10月成熟。

生长习性： 阳性树，但幼苗略喜一定庇荫。喜温和凉爽、湿润气候，耐寒力强，不耐炎热，不耐盐碱土，耐瘠薄能力不如油松、白皮松。

校内分布： 南湖校区科学馆西，浑南校区小南湖、信息学馆北等地。

价值功用： 华山松不仅是风景名树及薪炭林，还能涵养水源、保持水土，是点缀庭院、公园、校园的珍品。树干可割取树脂；针叶可提炼芳香油；种子可榨油，供食用或工业用油。

文化寓意： 代表傲然屹立、奋发向上的精神。

微百科

赤松　*Pinus densiflora* Sieb. et Zucc.

松科　松属　　　别名：辽东赤松、日本赤松

树木整体形态（南湖校区汉卿会堂北）

树皮形态

叶片形态

形态特征：常绿乔木。树皮橘红色，裂成不规则的鳞片状块片脱落，树干上部树皮为红褐色。针叶2针一束，横切面半圆形。雄球花淡红黄色，圆筒形；雌球花淡红紫色。球果成熟时呈暗黄褐色或淡褐黄色，种鳞张开，不久即脱落。花期4月，球果第二年9月下旬至10月成熟。

生长习性：深根性喜光树种，抗风力强，比马尾松耐寒，能耐贫瘠土壤，不耐盐碱土。

校内分布：在南湖校区汉卿会堂北油松行道树中有几株，树皮颜色与其附近油松有明显区别。

价值功用：木材边材淡红黄色，心材红褐色，纹理直，质坚硬，可供建筑、枕木、火柴杆、木纤维工业原料等用。树干可割树脂；种子榨油，可供食用及工业用；可做庭院树。

红松　*Pinus koraiensis* Siebold et Zuccarini

松科　松属　　　别名：果松、朝鲜松

树木整体形态（南湖校区冶金馆西南）

树皮形态

叶片形态

形态特征： 常绿乔木。幼树树皮灰褐色，近平滑；大树树皮灰褐色或灰色，纵裂成不规则的长方鳞状块片，裂片脱落后，露出红褐色的内皮。针叶5针一束，腹面每侧具淡蓝灰色气孔线。雄球花红黄色；雌球花绿褐色，圆柱状卵圆形，直立。球果圆锥状卵圆形，成熟后种鳞不张开。花期6月，球果第二年9—10月成熟。

生长习性： 半阳性树种，浅根性，对土壤水分要求较高，不宜过干、过湿的土壤及严寒气候。

校内分布： 仅在南湖校区冶金馆南有2株，且长势较弱。

价值功用： 可做庭荫树、风景林等。红松为优良的用材树种，质轻软，纹理直，耐腐力强。木材及树根可提取松节油。种子可食，含脂肪油及蛋白质，可供制肥皂、油漆、润滑油等用。

文化寓意： 代表坚韧不拔、奋发向上、勇于奉献的精神。

微百科

北美乔松　*Pinus* strobus L.

松科　松属　　　别名：美国白松、美国五针松

树木整体形态（浑南校区信息学馆东南）

形态特征： 常绿乔木。幼树时树皮为灰绿色，大树树皮呈暗灰褐色，块状裂片状脱落。树冠幼年时为金字塔形，中后期形成冠状结构，外形轮廓像羽毛，细而柔软。针叶5针一束，细柔，腹面每侧有气孔线。花黄色，雌蕊粉色。花期4—5月，果实未成熟时为绿色，成熟时为红褐色，窄圆柱形，有梗，下垂，种鳞边缘不反卷。

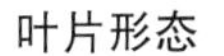

叶片形态

未成熟球果形态

生长习性： 耐寒，耐旱，稍耐阴，对土壤要求不严，对病虫害抵抗能力强。早期生长缓慢，一般在15年以后进入速生期，树冠发达。

校内分布： 浑南校区小南湖、生命学馆、信息学馆等地多有分布。

价值功用： 株形美观，针叶纤细柔软，观赏价值较高，可孤植、丛植、列植于路旁、草坪、花境等地。木材边材带黄色，心材淡红褐色，材质轻，较硬，纹理通直，可做建筑、器具等用。

油松 *Pinus tabuliformis* Carriere

松科　松属　　　别名：东北黑松

微百科

南湖校区自强路行道树

雄球花及球果形态

沈河校区北门东行道树

形态特征： 常绿乔木。树皮灰褐色，裂成不规则较厚的鳞状块片；老树树冠平顶。针叶2针一束，两面具气孔线。雄球花圆柱形，在新枝下部聚生呈穗状。球果卵形或圆卵形，成熟前为绿色，成熟时为淡褐黄色，常宿存树上数年之久。花期4—5月，球果第二年10月成熟。

生长习性： 喜光、深根性树种，喜干冷气候，在土层深厚、排水良好的酸性、中性或钙质黄土上，均能生长良好。

校内分布： 南湖校区井字主干路行道树，浑南校区小南湖、生命学馆、信息学馆等多地，沈河校区北校门附近。

价值功用： 我国特有树种。在园林配植中，适于做独植、丛植、纯林群植。可供建筑、家具及木纤维工业等用材。树干可割取树脂，提取松节油。松节、松针、花粉均供药用。

文化寓意： 常青不老的象征，常用来比喻君子坚强正直的品格。

樟子松　*Pinus sylvestris* var. *mongolica* Litv.

松科　松属　　　别名：海拉尔松

树木整体形态（南湖校区春华园北）

树皮下部灰色、上部红褐色形态

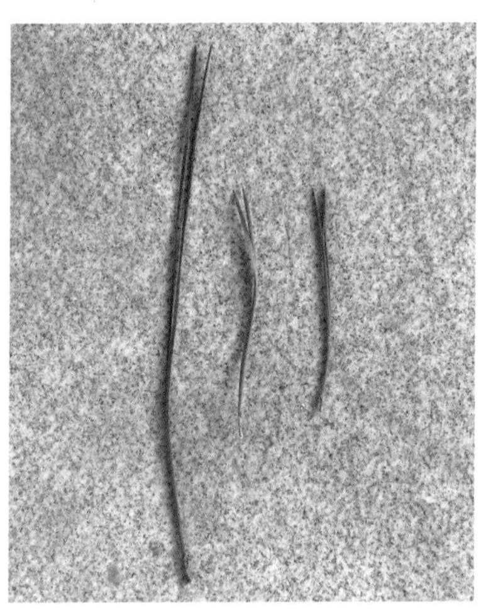

油松（左）和樟子松（右）叶片对比形态

形态特征：常绿乔木。树干下部灰褐色，上部树皮及枝皮黄色至褐黄色，内侧金黄色，裂成薄片脱落。针叶2针一束，常扭曲，先端尖，边缘有细锯齿，两面均有气孔线。雄球花圆柱状卵圆形，雌球花有短梗，淡紫褐色。球果卵圆形，成熟前为绿色，成熟时为淡褐灰色，成熟后开始脱落。花期5—6月，球果第二年9—10月成熟。

校内分布：分布很少，只在南湖校区众多油松中有个别混栽现象。

几种松树的识别要点与区别：叶为5针一束的有红松、华山松、北美乔松。其区别主要有：（1）北美乔松的叶片远观是往下垂，而红松和华山松是较为直立的；（2）红松的树皮是剥裂的，而华山松的树皮较红松光滑。

叶为2针一束的有油松、赤松、樟子松。其区别主要有：（1）油松的树皮上下均为灰黑色，赤松的树皮上下均为橘红或红褐色，樟子松的树皮下部为灰黑色，越往上越呈现红褐色；（2）油松和赤松的叶比樟子松的要长很多，且樟子松的叶片呈扭曲形。

柏科

杜松 *Juniperus rigida* Sieb. et Zucc.

柏科　刺柏属　　　别名：刚桧、崩松

微百科

树木整体形态（南湖校区北门西路旁混栽于圆柏行道树中）

刺形叶形态

球果形态

形态特征：灌木或小乔木。枝皮褐灰色，纵裂。叶三叶轮生，条状刺形，坚硬，先端锐尖，上面凹下成深槽，槽内有1条窄白粉带。雄球花椭圆状或近球状。球果圆球形，成熟前为紫褐色，成熟时为淡褐黑色，常被白粉。种子近卵圆形，顶端尖，有4条不显著的棱角。

生长习性：强阳性树种，耐阴，耐干旱，耐严寒，喜冷凉气候。深根性，对土壤的适应性强，耐干旱瘠薄土壤。

校内分布：个别混栽于南湖校区北门圆柏行道树中。

价值功用：北方各地栽植为庭院树、风景树、行道树和海崖绿化树种。木材坚硬，边材黄白色，心材淡褐色，纹理致密，耐腐力强，可做工艺品、雕刻品、家具、器具等用材。

微百科

侧柏　*Platycladus orientalis*（L.）Franco

柏科　侧柏属　　　别名：香柏、黄柏

树木整体形态（南湖校区北门西侧绿地）

树木整体形态（南湖校区冶金馆东南）

形态特征：常绿乔木。树皮薄，浅灰褐色，纵裂成条片；生鳞叶的小枝细，向上直展或斜展，扁平，排成一平面。叶鳞形，先端微钝。雄球花黄色，卵圆形；雌球花近球形，蓝绿色，被白粉。球果近卵圆形，成熟前近肉质，蓝绿色，被白粉，成熟后木质，开裂，红褐色。花期3—4月，球果10月成熟。

鳞形叶及球果形态

生长习性：喜光，浅根性，萌芽能力强，适应性强，对土壤要求不严，寿命长。耐干旱瘠薄，较耐寒，耐强阳光照射，耐高温，耐修剪，抗烟尘，抗二氧化硫、氯化氢等有害气体。

校内分布：南湖校区北门、建筑馆、冶金馆、一二・九花园等均有分布。

价值功用：侧柏在园林中可用于行道、亭园、大门两侧及墙垣内外，极美观。种子与生鳞叶的小枝入药。

文化寓意：柏树的气质精神不但具有博大雄浑的阳刚之气，也极富儒家的文雅之风，诗词、绘画、园林及民俗无不涉及柏树。柏树与中华民族的文化精神有着极为密切的关系。

圆柏　*Juniperus chinensis* L.

柏科　圆柏属　　　　别名：桧柏、珍珠柏

树木整体形态（南湖校区北门行道树）

鳞形叶和刺形叶形态

雄球花形态

球果形态

形态特征： 常绿乔木。树皮深灰色，纵裂，呈条片开裂。叶二型，即刺叶和鳞叶，刺叶生于幼树之上，老龄树则全为鳞叶，壮龄树兼有刺叶与鳞叶；鳞叶三叶轮生；刺叶三叶交互轮生。雌雄异株，雄球花黄色，椭圆形。球果近圆球形，两年成熟，成熟时呈暗褐色。

生长习性： 喜光树种，喜温凉，忌积水，耐修剪，易整形，耐寒、耐热，对土壤要求不严。

校内分布： 南湖校区北门两侧道路、图书馆南、一二・九花园北等均有分布。

价值功用： 树形优美，可以独树成景，是中国传统的园林树种。树根、树干及枝叶可提取柏木脑的原料及柏木油；种子可提取润滑油。

丹东桧柏　*Juniperus chinensis* ‘Dandongbai’

柏科　圆柏属

鳞形叶片形态

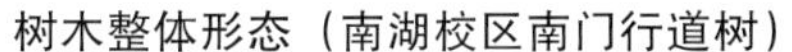

树木整体形态（南湖校区南门行道树）

刺形叶片形态

形态特征： 常绿乔木。树皮灰褐色，呈浅纵条剥离，主枝生长势弱，侧枝生长势强。树冠外缘较松散，稍有向上扭转趋势。具有鳞叶、刺叶两种叶型，鳞叶交互对生，多见于老树或老枝；刺叶常三叶轮生。雌雄异株。球果近圆球形，暗褐色，被白粉。花期4—5月，果期为第二年4—5月成熟。

生长习性： 原产于中国，辽宁、吉林和黑龙江等省有栽培。喜光，耐寒，对土壤要求不严。此树种随着树龄的增长，树冠松散，易倾斜甚至倒伏。

校内分布： 南湖校区南门两侧与银杏间种的行道树、一二·九花园等地，浑南校区四、五舍南北。

价值功用： 在公园、庭院及街道绿地，做景观树、庭院树使用。宜孤植、丛植、群植。最宜列植及修剪做绿篱使用。

沈阳桧柏 *Juniperus chinensis* ‘Shenyangbai’

柏科　圆柏属

树木整体形态（浑南校区生命学馆东侧）

鳞形和刺形叶形态

雄花形态

形态特征： 常绿乔木。树皮灰褐色，大树呈螺旋状扭曲，树干基部枝条密而不秃。叶二形，鳞状叶交互对生，多见于大树或老枝上；刺状叶常三叶轮生；叶色深绿。只有雄株，雄球花黄色，花期4—5月。

生长习性： 喜光，稍耐阴，耐寒，耐热，对土壤要求不严，深根性树种，侧根也很发达，生长速度中等偏快。

校内分布： 浑南校区生命学馆东侧。

价值功用： 20世纪80年代在沈阳地区被发现，为特殊的变异品种，其形状好似北方的龙柏，耐寒性特强，经几十年的栽植和繁育试验，已应用到东北城市绿化，在沈阳、铁岭、开原、哈尔滨、长春有栽植，其他地区少见。

河北桧柏　*Juniperus chinensis* ‘hebei’

柏科　圆柏属

树木整体形态（浑南校区图书馆北）

形态特征：常绿乔木。树皮深灰色，纵裂，呈片状开裂。叶为二型，即刺叶和鳞叶，刺叶常交互对生，披针形，有两条白粉带；鳞叶交互对生。雌雄异株，雄球花黄色，椭圆形。球果近圆球形，两年成熟，成熟时呈暗褐色。从外观上看，本种较圆柏瘦高，较丹东桧柏和沈阳桧柏形状规整。

生长习性：适应性广，抗逆性强，耐贫瘠，耐盐碱，耐旱又耐寒，常青长寿，耐修剪，尤适于造型。

校内分布：浑南校区图书馆北。

价值功用：原名望都塔桧，树形似宝塔，树姿挺拔、优美、雄壮，尤其侧枝枝上分枝，特密而又匀称有致，针叶浓绿青翠、繁茂而有光泽，可用于丛植、片植、群植等。

刺叶与鳞叶以及雄花形态

砂地柏 *Juniperus sabina* L.

柏科　圆柏属　　别名：叉子圆柏、爬柏

微百科

植株匍匐形态（浑南校区建筑馆东北）

小枝及叶片形态

形态特征：

常绿匍匐灌木。高不及1米；枝密，斜上伸展，枝皮灰褐色，裂成薄片脱落。叶二型，刺叶常生于幼树上，常交互对生或兼有三叶交叉轮生；鳞叶交互对生，背面中部有明显的椭圆形腺体。雌雄异株。球果生于向下弯曲的小枝顶端，成熟时呈褐色至紫蓝色或黑色，多少有白粉。

生长习性：喜光，喜凉爽干燥的气候，耐寒、耐旱、耐瘠薄，对土壤要求不严，不耐涝。生长势旺，根系发达，细根极多，萌芽力和萌蘖力强。

校内分布：浑南校区小南湖、建筑馆东北等多地，沈河校区教学楼、办公楼等多处。

价值功用：匍匐有姿，是良好的地被树种，常植于坡地观赏，增加层次；适应性强，宜护坡固沙。

微百科

北美香柏　Thuja occidentalis L.

柏科　崖柏属　　　别名：香柏、美国侧柏

球果满树时形态（浑南校区图书馆南）

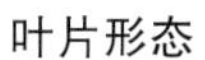

叶片形态

球果成熟时形态

形态特征：

常绿乔木。树皮红褐色或橘红色，纵裂成条状块片脱落。叶鳞形，先端尖，中央叶楔状菱形或斜方形，尖头下方有透明隆起的圆形腺点。球果幼时直立，绿色，后呈淡黄色或黄褐色，成熟时为淡红褐色。

生长习性：

阳性树，有一定耐阴能力，抗寒性强，对土壤要求不严，能生长于潮湿的碱性土壤中。

校内分布：

浑南校区图书馆南。

价值功用： 木材质软，耐腐而有芳香，枝叶中提取的精油可药用；耐修剪，树形优美，抗烟尘和有毒气体的能力强，常作园景树点缀装饰或丛植草坪一角。

红豆杉目（*Taxales*）。常绿乔木或灌木。叶条形或披针形，螺旋状排列或交叉对生，下面沿中脉两侧各有1条气孔带。球花单性，雌雄异株，雄球花单生叶腋或苞腋，或组成穗状花序集生于枝顶，雄蕊多数；雌球花单生或成对生于叶腋或苞片腋部，基部具多数覆瓦状排列或交叉对生的苞片。种子核果状或坚果状，胚乳丰富；子叶2枚。

红豆杉目仅1科5属约23种。我国有4属12种1变种及1栽培种，其中榧树、云南榧树、红豆杉、云南红豆杉等树种能生产优良的木材；香榧的种子为著名的干果，也可榨油供食用；其他树种（如穗花杉、白豆杉、东北红豆杉、红豆杉及南方红豆杉等）为庭园树种。东北大学仅1科1属1种。

红豆杉科（*Taxaceae*）。其特征同目特征。东北大学仅1属1种。

红豆杉科

微百科

东北红豆杉　*Taxus cuspidata* Sieb. et Zucc.

红豆杉科　红豆杉属　　　　别名：紫杉

树木整体形态（南湖校区信息学馆东南角）

形态特征：

常绿乔木。树皮红褐色，有浅裂纹；小枝基部有宿存芽鳞。叶排成不规则的二列，条形，先端通常凸尖，上面深绿色，下面有两条灰绿色气孔带，中脉带上无角质乳头状突起点。种子紫红色，有光泽，卵圆形，上部具3～4钝脊，顶端有小钝尖头。花期5—6月，种子9—10月成熟。

矮紫杉为本种培育出来的一个品种，植株矮小，灌木状，其他特点与本种几乎一样，因此，矮紫杉与本种予以归并。

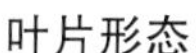

叶片形态

花形态

树皮形态

矮紫杉整体形态（浑南校区1号教学楼北）

生长习性： 耐阴树种，密林下也能生长；浅根性树种，主根不明显，侧根发达，多呈灌木状。喜凉爽湿润气候，但怕涝，抗寒性强，忌暴热、暴冷和空气干燥。

校内分布： 南湖校区信息学馆南、汉卿会堂等，浑南校区东门、1号教学楼等地。南湖校区信息学馆南的3株为独干乔木状，其他多为灌木状。

价值功用： 边材窄，黄白色，心材淡褐红色，坚硬、致密，可做建筑、家具、器具、雕刻等用材；心材可提取红色染料；种子可榨油；叶有毒，种子的假种皮味甜可食；可做东北及华北地区庭院树及造林树种。

文化寓意： 寓意吉祥和喜庆，也象征高雅和高傲。

果实形态

被子植物门（*Angiospermae*）。被子植物是植物界中高等类群种子植物门中一个最高等的类群，也是植物界最大的一个类群。由少数（典型的是8个）细胞构成的胚囊和双受精现象被视为被子植物在进化上的一致性和与其他植物类群区别的证据。被子植物在形态上具有不同于裸子植物所具有的孢子叶球的花；胚珠被包藏于闭合的子房内，由子房发育成果实；子叶1～2枚；维管束主要由导管构成；在生殖上配子体大大简化，以最少的分裂次数发育；在生态上适应于广泛的各式各样的生存条件；在生理功能上具有比裸子植物和蕨类植物大得多的对光能利用的适应性。被子植物是当今世界植物界中最进化、种类最多、分布最广、适应性最强的类群。

本书收录的被子植物共1纲21目31科136种。

木兰纲（*Magnoliopsida*）。在传统的克朗奎斯特分类法中，双子叶植物被称为木兰纲，与单子叶植物的百合纲并立。

双子叶植物是种子有两个子叶的开花植物的总称，胚具有2片子叶，主根发达，多为直根系，茎内为开放型维管束，环状，有形成层和次生组织，叶除少数外，均为网状脉。

木兰目（*Magnoliales*）。木本。花单生或为聚伞花序，花托显著，花常两性，花部螺旋状排列至轮状排列；花被多为3基数；雄蕊6至多数；心皮，多数离生或少至1个；胚乳丰富。木兰目包含木兰科、番荔枝科、肉豆蔻科等10科。

木兰科（*Magnoliaceae*）。木本。叶互生、簇生或近轮生，单叶不分裂。花多顶生、腋生。花被片通常花瓣状；雄蕊多数，子房上位，心皮多数，离生，虫媒传粉，胚珠着生于腹缝线，胚小，胚乳丰富。木兰科有18属约335种，主要分布于亚洲东南部、南部，北部较少，北美东南部、中美、南美北部及中部较少。我国有14属约165种，主要分布于我国东南部至西南部，渐向东北及西北而渐少。东北大学有2属3种1变种。

木兰科

白玉兰　*Yulania denudata*（Desr.）D. L. Fu

木兰科　玉兰属　　　　别名：玉兰、木兰

早春满树白花景象（南湖校区信息学馆南）

黄花玉兰（浑南校区5号学生宿舍天井内）

形态特征：

落叶乔木。树皮深灰色，粗糙开裂；小枝稍粗壮，灰褐色；冬芽及花梗密被淡灰黄色长绢毛。叶纸质，倒卵形或宽倒卵形，具托叶痕。花大，先叶开放，直立，芳香，花被片9片，白色，基部常带粉红色；雄蕊和雌蕊多数，螺旋状排列在花托上部和下部。聚合蓇葖果。花期4月，果期9月。

黄花玉兰为玉兰的芽变品种，较玉兰花期晚一些，其他性状几无差别。

花被片略带紫色

雌雄蕊螺旋状排列在花托上

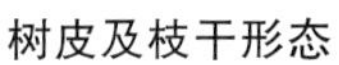
树皮及枝干形态

叶片形态

聚合蓇葖果形态

生长习性：喜光，稍耐寒，在沈阳背风向阳小气候环境可安全越冬，较耐干旱，不耐水涝，根部受水淹2～3天即枯死，不耐移植和修剪。

校内分布：南湖校区信息学馆南，浑南校区5号学生宿舍天井内。

价值功用：观花，庭院观赏；药用有祛风散寒、通气理肺之效。

文化寓意：冰清玉洁、淡雅素净，引喻不畏世俗、为人清廉、坚守初心。

紫玉兰 *Yulania liliiflora*（Desr.）D. L. Fu

木兰科　玉兰属　　　别名：木笔、辛夷

开花时整体形态（南湖校区八舍南）

花形态

雌雄蕊形态

形态特征：落叶灌木或小乔木。树皮灰褐色，小枝为绿紫色或淡褐紫色。叶为椭圆状倒卵形或倒卵形，先端急尖或渐尖，托叶痕约为叶柄长一半。花被片9~12个，外轮3片萼片状，紫绿色，常早落，内两轮肉质，外面紫色或紫红色，内面带白色，花瓣状；雄蕊紫红色；雌蕊群淡紫色；聚合果深紫褐色。花期3—4月，果期8—9月。

生长习性：喜温暖湿润和阳光充足的环境，较耐寒，但不耐旱和盐碱。根肉质，怕损伤，不耐移植；需经常整枝修剪，否则树形会向灌木状发展，也不利于花芽生长。

校内分布：南湖校区八舍南。

价值功用：本种与玉兰同为我国两千多年的传统花卉，花色艳丽，享誉中外。树皮、叶、花蕾均可入药，花蕾晒干后称辛夷，为我国两千多年传统中药。

文化寓意：花语为芳香情思，寓意思念和情感。

花后放叶时形态

天女木兰　*Oyama sieboldii* (K. Koch.) N. H. Xia & C. Y. Wu

木兰科　天女花属　　别名：天女花

树木整体形态（南湖校区汉卿会堂北靠近家属区绿地）

花形态

果形态

形态特征：落叶小乔木或灌木。当年生小枝细长，淡灰褐色。叶膜质，倒卵形。花与叶同时开放，花白色，芳香，杯状，盛开时碟状；花被片9片，近等大，外轮3片，内两轮6片；雄蕊紫红色，雌蕊群椭圆形，绿色；聚合蓇葖果成熟时红色。花期6—7月，果期9月。

生长习性：喜阳光和温暖湿润的气候，稍耐阴，怕高温，较耐旱。不耐积水，低洼地与地下水位高的地区都不宜种植。

校内分布：南湖校区汉卿会堂北靠近家属区绿地内（经移植后长势较差）。

价值功用：天女花株形美观，枝叶茂盛，花梗细长，花朵随风飘摆如天女散花，有“高山仙女”之称，最适于山地风景区应用，也可丛植或孤植于庭院、草坪观赏。

文化寓意：花语为勤劳、善良。

金缕梅目（*Hamamelidales*）是植物系统中一个比较古老且在进化系统上不连续的群。木本，单叶互生，稀对生，多有托叶。花排成总状花序、头状花序或柔荑花序；雄蕊多数至定数；子房上位至下位，心皮1枚至多枚，离生或合生。本目包含连香树科、领春木科（云叶科）、悬铃木科、金缕梅科和香灌木科5科。

悬铃木科（*Platanaceae*）。落叶乔木，枝叶被树枝状及星状茸毛，树皮苍白色，薄片状剥落，表面平滑。叶互生，大形单叶，有长柄，具掌状脉，掌状分裂，具短柄，边缘有裂片状粗齿；托叶明显。花单性，雌雄同株，排成紧密球形的头状花序，雌雄花序同形，生于不同的花枝上，雄花有雄蕊3～8枚，花丝短；雌花有3～8枚离生心皮，子房长卵形。果为聚合果，由多数狭长倒锥形的小坚果组成，基部围以长毛，每个坚果有种子1个。

悬铃木科现只有悬铃木属1属，约有11种，分布于北美、东南欧、西亚及越南北部。我国未发现野生种。东北大学有1属1种。

悬铃木科

微百科

二球悬铃木　*Platanus acerifolia*（Aiton）Willd.

悬铃木科　悬铃木属　　　　别名：英国梧桐

树木整体形态（南湖校区三舍庭院）

叶片形态

树皮呈大块状剥落形态

雌花形态

雄花形态

球果形态

形态特征： 落叶大乔木。树皮光滑，大片块状脱落；嫩枝密生灰黄色茸毛；老枝秃净，红褐色。叶阔卵形，上部掌状5裂，有时7裂或3裂；中央裂片阔三角形，宽度与长度约相等；掌状脉3条。花通常4数。雄蕊比花瓣长。果枝有头状果序1～2个，常下垂。

生长习性： 喜光，不耐阴，抗旱性强，较耐湿，喜温暖湿润气候。阳性速生树种，易被大风吹倒。沈阳地区需栽植在南侧背风向阳处，风口处容易导致幼叶、嫩梢受到冻害。

校内分布： 南湖校区三舍庭院、化学馆南以及计算中心北。

价值功用： 本种是三球悬铃木与一球悬铃木的杂交种，久经栽培，我国东北、华中及华南均有引种。在辽宁大连以南地区广泛用于行道树。

文化寓意： 花语是才华横溢。

杜仲科

杜仲 *Eucommia ulmoides* Oliver

杜仲科　杜仲属　　　　别名：思仙、木棉

微百科

树木整体形态（南湖校区计算中心东）

雄花形态

叶片拉断时有银白色细丝相连

形态特征： 杜仲是中国特有树种，仅1科1属1种，科属种特征相同。落叶乔木。树皮灰褐色。叶椭圆形、卵形或矩圆形，薄革质；先端渐尖，边缘有锯齿。树皮、叶子折断拉开有多数银白色细丝。雌雄异株，花生于当年枝基部，雄花无花被，雄蕊长约1厘米；雌花单生。翅果扁平，长椭圆形。花期4月，果期10月。

生长习性： 对土壤的选择并不严格，在瘠薄的红土或岩石峭壁均能生长。

校内分布： 南湖校区计算中心东，浑南校区5号学生宿舍天井。

价值功用： 树干端直，枝叶茂密，树形整齐优美，可做庭院观赏或行道树。树皮是名贵药材。树皮分泌的硬橡胶也可做工业原料及绝缘材料。木材供建筑及制家具。

文化寓意： 寓意希望。

荨麻目（*Urticales*）。草本或木本。叶多互生，常有托叶。花小而整齐，常有4～5枚花被片，通常雄蕊与花被片同数并与其对生，果实为坚果、核果、瘦果或翅果，含1枚种子，胚占据整个种子，直伸或弯曲，为肉质或油质内胚乳所包。荨麻目包括6科：钩毛树科、榆科、大麻科、桑科、伞树科、荨麻科。

榆科（*Ulmaceae*）。乔木或灌木。芽具鳞片，稀裸露。单叶，互生，稀对生，常二列，有锯齿或全缘，基部偏斜或对称，羽状脉或基部3出脉，稀基部5出脉或掌状3出脉，有柄；托叶常呈膜质，早落。单被花两性，稀单性或杂性，雄蕊着生于花被的基底，雌蕊由2枚心皮连合而成，花柱极短，柱头2个，条形，子房上位，通常1室，胚珠1个，倒生。果为翅果、核果、小坚果，顶端常有宿存的柱头。

榆科有16属约230种，广布于全世界热带至温带地区。我国有8属46种10变种，分布遍及全国。另引入栽培3种。东北大学有2属4种。

桑科（*Moraceae*）。乔木、灌木或藤本，通常具乳液。叶互生，稀对生，叶脉掌状或为羽状；托叶2枚，通常早落。花小，单性，雌雄同株或异株，无花瓣；花序腋生，典型成对，总状，圆锥状，头状，穗状或壶状，稀为聚伞状。雄蕊通常与花被片同数而对生，雌花花被片多为4枚，宿存；子房1室。果为瘦果或核果状，围以肉质变厚的花被，或藏于其内形成聚花果，或隐藏于壶形花序托内壁，形成隐花果，或陷入发达的花序轴内，形成大型的聚花果。

桑科约53属1400种。其中，榕属约1000种；桑属多为乔木，分布于北半球温带至热带山区；波罗蜜属约40种。中国原产的桑树在很早时期就有栽培，到12世纪以后引入欧洲，在地中海地区生长良好。本科在我国约有12属153种和亚种，并有变种及变型59个。东北大学有1属3种。

桑科植物在国民经济建设中具有重大意义。有些桑科植物的果实可以食用，如原产印度的波罗蜜、原产马来群岛的面包树、原产地中海沿岸的无花果，以及多种桑的桑葚。有的种类产橡胶，如印度榕、米扬噎；桑属及构属的树皮可以造纸；大麻的茎皮纤维是重要纺织原料；桑属和拓属的嫩叶可以饲养蚕。此外，遍布北半球温带的啤酒花的花和果穗含忽布素，是酿造啤酒的原料（酒花）；有些种类的木材可以做乐器或家具、农具等。

榆科

榆树 *Ulmus pumila* L.

榆科　榆属　　　　别名：白榆、家榆、钱榆

微百科

树木整体形态（南湖校区采矿馆东）

叶片边缘重锯齿形态

果形态（榆钱）

形态特征：落叶乔木。大树树皮暗灰色，不规则深纵裂，粗糙；小枝淡黄灰色、淡褐灰色或灰色。叶椭圆状卵形、椭圆状披针形或卵状披针形，先端渐尖，基部偏斜或近对称，边缘通常具重锯齿。花先叶开放，在去年生枝的叶腋呈簇生状。翅果近圆形，果核部分位于翅果的中部。花果期3—6月。

生长习性：阳性树，生长快，根系发达，适应性强，耐干冷气候及中度盐碱，不耐水湿但能耐雨季水涝。

校内分布：南湖校区五五运动场东、汉卿会堂北、一二·九花园、游泳馆北等多处。

价值功用：可做造林或“四旁”绿化树种。木材供家具、车辆、桥梁、建筑等用。幼嫩翅果与面粉混拌可蒸食。

文化寓意：象征着财富与富贵。另外，它还被称为榆木疙瘩，所以又有难解的寓意。

垂榆　*Ulmus pumila* ‘pendula’

榆科　榆属　　　榆树的一个栽培品种

树木整体（南湖校区化学馆南）

形态特征：树冠伞形；树皮灰白色，较光滑；一至三年生，枝下垂而不卷曲或扭曲。主要是园林观赏之用，近年来应用较少。

校内分布：南湖校区化学馆南。

叶片形态

金叶榆 *Ulmus pumila* ‘jinye’

榆科　榆属　　　　榆树的另一栽培品种

微百科

金叶榆与紫叶李搭配的造景（浑南校区南门）

形态特征：与榆树的主要区别是叶色金黄，嫁接苗较多，为园林观赏树种，宜植于庭院，与紫叶李搭配观赏性更强，近年来应用广泛。生长习性与榆树相近。

校内分布：南湖校区图书馆南、南门绿篱，浑南校区南门和小南湖等地。

南湖校区图书馆南（整形）

金黄色新叶刚萌发形态

微百科

小叶朴　*Celtis bungeana* Bl.

榆科　朴属　　　别名：黑弹树、黑弹朴

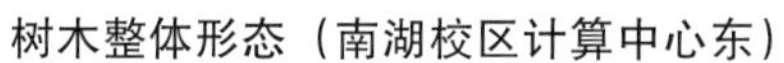
树木整体形态（南湖校区计算中心东）

秋季形态（浑南校区小南湖）

花形态

叶片形态

果形态（黑弹）

形态特征： 落叶乔木。树皮灰色或暗灰色，当年生小枝淡棕色，二年生小枝灰褐色。叶厚纸质，狭卵形、卵状椭圆形至卵形，基部宽楔形至近圆形，先端尖至渐尖，中部以上疏具不规则浅齿。果单生叶腋，成熟时蓝黑色，近球形。花期5月，果期10—11月。

生长习性： 喜光，耐阴，也耐干旱瘠薄，耐轻度盐碱，耐水湿。

校内分布： 南湖校区计算中心东北、浑南校区小南湖等。

价值功用： 树形美观，树冠圆满宽广，绿荫浓郁，是城乡绿化的良好树种。木材坚硬，可供工业用材；茎皮是造纸和人造棉的原料；果实榨油可做润滑油；树皮、根皮入药，可治腰痛等病。

文化寓意： 寓意朴实无华及思念。

桑科

桑　*Morus alba* L.

桑科　桑属　　　　别名：家桑、蚕桑

树木整体形态（南湖校区冶金馆东）

叶片三出脉形态

花形态

形态特征：落叶乔木。树皮厚，灰色，具不规则浅纵裂；小枝有细毛。叶卵形或广卵形，边缘锯齿粗钝，有时叶为各种分裂。花单性，腋生或生于芽鳞腋内，与叶同时生出；雄花序下垂；雌花序被毛，雌花无梗。聚花果卵状椭圆形，成熟时红色或暗紫色（桑葚）。花期4—5月，果期6—7月。

生长习性：喜光，适应性比较强，耐寒，耐旱，耐修剪，较耐水湿，是速生且寿命较长的树种。

校内分布：南湖校区秋实园、冶金馆东等地，浑南校区小南湖、5号学生宿舍北等地。

价值功用：树皮纤维柔细，可做纺织原料、造纸原料；根皮、果实及枝条入药。叶为养蚕的主要饲料，也可药用。木材坚硬，可制家具、乐器、雕刻等。桑葚可酿酒。

文化寓意：桑者“尚也”，象征着受恩必报的高尚品德。“沧海桑田”比喻世事变迁很大或人生短暂。桑树的花语是“生死与共，同甘共苦”。桑葚寓意为忧郁和忧愁。

微百科

龙爪桑　*Morus alba*‘Tortuosa’

桑科　桑属　　　桑树的一个栽培变种

枝条形态（南湖校区逸夫楼西）

花形态

形态特征：与桑树的主要区别是枝条呈S形扭曲，增加了冬态观赏性。其他生长习性与价值功用同桑。

校内分布：南湖校区逸夫楼西、计算中心东，浑南校区5号学生宿舍北等地。

微百科

鸡桑　*Morus australis* Poir.

桑科　桑属　　　别名：小叶桑、裂叶鸡桑

形态特征：与桑树的主要区别是多数叶片呈分裂状。其他生长习性与价值功用同桑。

校内分布：南湖校区秋实园。

鸡桑果

叶片缺刻状深裂形态

树干形态

胡桃目（*Juglandales*）。木本植物。叶为羽状复叶，互生，不具托叶。风媒花，排列成穗状花序，单性，雌雄同株，不具花被或具单轮鳞片状花被；雄花有3～40枚雄蕊；雌花的子房由2枚心皮合生，下位，1室具1个基底生的直立胚珠；柱头2个或分裂成4个。果实为假核果或坚果。种子无胚乳。

胡桃科（*Juglandaceae*）。落叶或半常绿乔木或小乔木。芽裸出或具芽鳞，常2～3枚重叠生于叶腋。叶互生或稀对生，无托叶，奇数或稀偶数羽状复叶。花单性，雌雄同株，风媒。雄花序常柔荑花序，雌花序穗状，顶生，雌蕊1枚，由2枚心皮合生，子房下位。果实为假核果或坚果状；种子大形，完全填满果室。胡桃科共8属约60种。我国有7属27种1变种，主要分布在长江以南，少数种类分布到北部。东北大学有2属3种。

胡桃科

微百科

胡桃楸　*Juglans mandshurica* Maxim.

胡桃科　胡桃属　　　　别名：山核桃、核桃楸

树木整体形态（南湖校区机电馆东）

形态特征：

落叶乔木。树皮灰色，具浅纵裂。奇数羽状复叶；小叶9～17枚，边缘具细锯齿。雄性柔荑花序，雌性穗状花序。果实球状、椭圆状，顶端尖，表面具8条纵棱，其中2条较显著，各棱间具不规则皱曲及凹穴，顶端具尖头。花期5月，果期8—9月。

生长习性：

喜光，耐寒，根孽和萌芽能力强，不耐阴。

校内分布：

南湖校区机电馆东、浑南校区小南湖等地。

价值功用：

胡桃楸是东北地区极具观赏价值的乡土绿化树种。种子油可供食用，种仁可食；树皮纤维可做造纸等原料；枝、叶、皮可作农药。

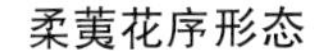
柔荑花序形态

果实形态

叶片形态

胡桃 *Juglans regia* L.

胡桃科　胡桃属　　别名：核桃

树木整体形态（南湖校区滨湖里家属区）

树干灰白色纵向浅裂

叶片形态（顶叶宽大）

形态特征： 落叶乔木。幼树树皮为灰绿色，老树树皮则呈灰白色而纵向浅裂。奇数羽状复叶，小叶通常5～9枚，顶叶比其他叶宽大。雄性柔荑花序下垂，雌性穗状花序。果近球状，无毛；果核稍具皱曲，有2条纵棱，顶端具短尖头。花期5月，果期10月。

生长习性： 喜光，耐寒，抗旱、抗病能力强，适应多种土壤生长，落叶后至发芽前不宜剪枝，易产生伤流。

校内分布： 南湖校区滨湖里家属区。

价值功用： 种仁含油量高，既可生食，也可榨油食用；木材坚实，是很好的硬木材料。

文化寓意： 因核桃的名称与“合”谐音相近，所以有着和睦相处的寓意。

果实形态

微百科

枫杨　*Pterocarya stenoptera* C. DC.

胡桃科　枫杨属　　　别名：麻柳、蜈蚣柳

南湖校区风味食堂西行道树

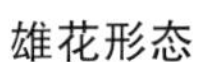

雄花形态

偶数羽状复叶形态

果实形态

形态特征： 落叶乔木。树皮老时深纵裂，叶多为偶数羽状复叶，小叶10～16枚，对生，基部歪斜，边缘有向内弯的细锯齿。雄性柔荑花序单独生于去年生枝条叶痕腋内，雌性柔荑花序顶生。果实长椭圆形，果翅狭，条形或阔条形。花期4—5月，果熟期8—9月。

生长习性： 喜光，深根性树种，萌芽力强；对二氧化硫及氯气的抗性弱，受害后叶片易脱落。

校内分布： 南湖校区刘长春体育馆南以及风味食堂西行道树。

价值功用： 广泛栽植做庭院树或行道树。树皮和枝皮含鞣质，可提取栲胶，也可做纤维原料；果实可做饲料和酿酒，种子则可榨油。

文化寓意： 枫杨象征纯洁与盟约。

山毛榉目（*Fagales*）。落叶或常绿乔木或灌木。单叶，互生；托叶早落。花序为复合的柔荑花序状或呈头状；花单性，极少两性，雌雄同株；雄花生于苞鳞内，无或有不显著的花被；雌花具苞片和小苞片，子房下位。果为坚果，具由苞片和小苞片连合并增大而成的果苞或壳斗。种子1枚，无胚乳。

壳斗科/山毛榉科（*Fagaceae*）。常绿或落叶乔木，稀灌木。单叶互生。花单性同株，花被一轮，基部合生；雄蕊4～12枚，雌花1～3（5）朵聚生于一壳斗内，子房下位。由总苞发育而成的壳斗脆壳质、木质、角质或木栓质，形状多样，包着坚果底部至全包坚果，每壳斗有坚果1～3（5）个；坚果有棱角或浑圆，顶部有稍凸起的柱座，底部的果脐又称疤痕，有时占坚果面积的大部分。我国有7属约320种。东北大学有1属5种。

桦木科（*Betulaceae*）。落叶乔木或灌木。单叶，互生，叶缘具重锯齿或单齿。花单性，雌雄同株，风媒；雄花具苞鳞，有花被（桦木族）或无（榛族）；雌花序为球果状、穗状、总状或头状，具多数苞鳞（果时称为果苞），每苞鳞内有雌花2～3朵。果序同花序。果为小坚果或坚果。桦木科共6属100余种，主要分布于北温带。我国6属均有分布，共约70种，其中虎榛子属为我国特产。东北大学有1属1种。

壳斗科

微百科

蒙古栎　*Quercus mongolica* Fischer ex Ledebour

壳斗科　栎属　　　别名：柞树、青杄子

树木整体形态（南湖校区计算中心东北）

形态特征：

落叶乔木。树皮灰褐色，纵裂。叶片倒卵形，叶缘7 ~ 10对钝齿或粗齿。雄花序生于新枝下部，雌花序生于新枝上端叶腋。壳斗杯形，包着坚果1/3 ~ 1/2，壳斗外壁小苞片三角状卵形，呈半球形瘤状突起。坚果卵形至长卵形，无毛，果脐微突起。花期4—5月，果期9月。

生长习性：

耐寒，耐瘠薄，不耐水湿，萌蘖性强。

校内分布：

南湖校区计算中心东北和冶金馆西等，浑南校区信息学馆北、小南湖等。

价值功用：

可做园景树或行道树，树形好者可为孤植树，做观赏用。叶含蛋白质，可饲柞蚕；种子含淀粉，可酿酒或作饲料；树皮入药，有收敛止泻及治痢疾之效。

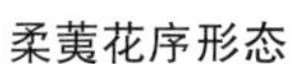

柔荑花序形态

叶片形态

秋季形态

辽东栎 *Quercus liaotungensis* Koidz.

壳斗科　栎属　　　别名：辽东柞、柴树

树木整体形态（浑南校区小南湖）

秋季形态

与蒙古栎的区别： 辽东栎壳斗小苞片三角形鳞片状，而蒙古栎是瘤状突起；辽东栎叶片侧脉5～7对，而蒙古栎叶片侧脉为7～11对。生长习性和用途同蒙古栎。

校内分布： 浑南校区信息学馆北、小南湖等地。

果实形态

叶片形态

锐齿槲栎　*Quercus aliena* var. acutiserrata Maxim.

壳斗科　栎属　　　别名：青冈树

树木整体形态（南湖校区冶金馆西）

叶片正面形态

叶片背面形态

形态特征：本品种是槲栎的一个变种，与蒙古栎和辽东栎的主要区别在于叶片先端短渐尖，叶缘具粗大锯齿，齿端尖锐，内弯，叶柄明显，小苞片卵状披针形，壳斗杯形，包着坚果比蒙古栎多，约1/2。生长习性和用途同蒙古栎。

校内分布：南湖校区冶金馆西。李白名句“天生我才必有用”中的才指的就是槲栎。

槲树 *Quercus dentata* Thunb.

壳斗科　栎属　　　别名：波罗叶、波罗栎

微百科

树木整体形态（浑南校区建筑馆南）

叶片正面形态

叶片背面形态

果实形态

秋冬季叶枯宿存形态

形态特征：

落叶乔木。树皮暗灰褐色，深纵裂。叶片倒卵形，顶端短钝尖，叶面深绿色，基部耳形，叶缘波状裂片或粗锯齿，叶背面密被灰褐色星状茸毛。雄花序生于新枝叶腋，雌花序生于新枝上部叶腋。壳斗杯形，包着坚果1/3～1/2，连小苞片，红棕色，外面被褐色丝状毛。坚果卵形至宽卵形。花期4—5月，果期9—10月。

与前面几种树木的主要区别是叶片大且有星状毛，果实形态差别较大，易于区别。

生长习性： 强阳性树种，喜光、耐旱、抗瘠薄，深根性树种，萌蘖能力强，寿命长，生长速度慢。

校内分布： 浑南校区建筑学馆南。

价值功用： 材质坚硬，耐磨损，易翘裂，可做坑木、地板等用材；可饲柞蚕，可酿酒或做饲料；树皮、种子入药，可做收敛剂；树皮、壳斗可提取栲胶。

文化寓意： 新芽长出之前，叶子不掉落，寓意家族延绵不绝。

微百科

红槲栎　*Quercus rubra* L.

壳斗科　栎属　　　别名：北美红栎、红栎树

秋季红叶整体形态（浑南校区北门绿地）

叶片形态

花形态

形态特征： 落叶乔木。树干笔直，树冠匀称，嫩枝呈绿色或红棕色，第二年转变为灰色。叶子形状美观，波状，宽卵形，互生，革质，表面有光泽，春夏叶片亮绿色有光泽，秋季叶色逐渐变为粉红色、亮红色或红褐色。雄性柔荑花序，花黄棕色，4月底开放。坚果棕色，近球形。

生长习性： 生长速度较快，耐旱，耐寒，耐瘠薄，抗火灾，较耐阴，喜光照，萌蘖能力强。

校内分布： 浑南校区北门绿地、东门北侧。

价值功用： 原产于美国东部，树冠匀称，枝叶稠密，叶形美丽，且红叶期长，观赏效果好，多用于景观树栽植；也是优良的行道树和庭荫树种。

果实形态

桦木科

白桦 *Betula platyphylla* Suk.

桦木科　桦木属　　　　别名：青冈树

树木整体形态（南湖校区计算中心东北角绿地）

柔荑花序形态

果序形态

形态特征：落叶乔木。树皮灰白色，成层剥裂；枝条暗灰色或暗褐色，无毛。叶厚纸质，三角状卵形或三角状菱形，边缘具重锯齿。果序单生，圆柱形，通常下垂；小坚果狭矩圆形、矩圆形或卵形。花期4月，果期8—9月。

生长习性：阳性树种，萌芽力强，生长较快，耐寒、耐瘠薄，为次生林先锋树种。

校内分布：南湖校区计算中心东北、浑南校区5号学生宿舍北等。

价值功用：木材可供一般建筑及制作器、具之用；树皮可提取桦油；易栽培，可为庭院树种，也可成片栽植形成白桦林。

文化寓意：白桦白色笔直象征纯洁与刚直，也是高尚人格的象征。

白色树皮形态

锦葵目（*Malvales*）。乔木或灌木，稀为藤本或草本。单叶或为掌状复叶，常有托叶。花两性，异被，稀单性，无花瓣；辐射对称，有时两侧对称；花瓣5片，很少3或4片，回旋状或覆瓦状排列；雄蕊多数；子房上位；蒴果、闭果、核果或浆果；种子有胚乳。锦葵目有7科。我国有5科。许多种类是重要的纤维植物，也有的是优良木材。精美饮料和果树。

椴树科（*Tiliaceae*）。乔木、灌木或草本。单叶，互生，稀对生，具基出脉，全缘或有锯齿，有时浅裂。雌雄异株，辐射对称，排成聚伞花序或再组成圆锥花序；苞片早落，有时大而宿存；萼片通常5片；花瓣与萼片同数，分离，有时或缺；内侧常有腺体，或有花瓣状退化雄蕊，与花瓣对生；雄蕊多数，子房上位。果为核果、蒴果、裂果，有时浆果状或翅果状。本科约52属500种，主要分布于热带及亚热带地区。我国有13属85种。东北大学有1属2种。

椴树科

紫椴 *Tilia amurensis* Rupr.

椴树科　椴树属　　　别名：阿穆尔椴、籽椴

开花时整体形态（南湖校区建筑馆东北）

形态特征：落叶乔木。叶阔卵形或卵圆形，先端急尖或渐尖，基部心形，稍整正，有时斜截形，边缘有锯齿。聚伞花序纤细，有花数朵；苞片狭带形，两面无毛，下半部或下部1/3与花序柄合生；花瓣长6～7毫米；果实卵圆形。花期7月。

生长习性：喜光，稍耐阴，耐寒，深根性树种；喜肥；虫害少。

校内分布：南湖校区计算中心东北、冶金馆西。

价值功用：树形优美，花开满树，是优良的园林绿化树种。本种也是优良的蜜源植物。

聚伞花序形态

微百科

欧洲小叶椴　*Tilia cordata* Mill.

椴树科　椴树属　　　别名：心叶椴

开花时整体形态（浑南校区环路行道树）

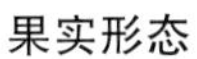

果实形态

秋季景观形态

形态特征：与紫椴的主要区别是树木整体塔形，非常优美。小枝红褐色，光滑无毛，叶片心形，较紫椴小。东北大学有绿塔和柯林斯两个品种。

生长习性：较耐阴，喜光，耐寒，抗烟尘。

校内分布：浑南校区环路行道树。

价值功用：欧洲小叶椴是珍贵的绿化树种，广泛用作行道树、庭院树。

心形叶片形态

杨柳目（*Salicales*）。木本。单叶，多互生。花单性，雌雄异株，排列成柔荑花序，无花被，着生在苞片的腋内；雄蕊2枚至多枚；心皮2～4（5），1室。蒴果。种子少数至多数，无胚乳；胎座密生丝质长毛，与种子一起脱落。杨柳目仅一科。

杨柳科（*Salicaceae*）。落叶乔木或直立、垫状和匍匐灌木。树皮光滑或开裂粗糙，通常味苦。多单叶，互生。花单性，雌雄异株；柔荑花序，直立或下垂，先叶开放，或与叶同时开放，花着生于苞片与花序轴间；基部有杯状花盘或腺体，稀缺如；雄蕊2枚至多枚；雌花子房无柄或有柄，雌蕊由2～4（5）枚心皮合成，侧膜胎座。蒴果裂为2～4（5）瓣。种子微小，基部围有多数白色丝状长毛。杨柳科3属约620种，分布于寒温带、温带和亚热带。我国3属均有，约320种，各省（自治区）均有分布，尤以山地和北方较为普遍。东北大学有2属10种。

杨柳科

微百科

北京杨　*Populus × beijingensis* W. Y. Hsu

杨柳科　杨属　　　人工杂交种

树木截干后整体形态（南湖校区五五运动场）

叶片正面形态

叶片背面形态

形态特征：落叶乔木。树干通直，树皮灰绿色，渐变绿灰色，光滑。侧枝斜上，嫩枝稍带绿色。叶广卵圆形或三角状广卵圆形，先端短渐尖或渐尖，基部心形或圆形，边缘具波状皱曲的粗圆锯齿，有半透明边，具疏缘毛，后光滑。花期3月。

生长习性：速生，耐旱、耐寒、耐瘠薄。

校内分布：南湖校区五五运动场西行道树、双馨苑东南绿地等，沈河校区亦有分布。

价值功用：因春天飞絮，近年来应用少，可做防护林和四旁绿化。

文化寓意：常把性格坚毅而又自强不息的人比作挺拔的杨树。各类杨树寓意相近。

主干枝形态

青杨 *Populus cathayana* Rehd.

杨柳科　杨属

树木整体形态（南湖校区双馨苑东）

叶片正面形态

叶片背面形态

形态特征： 落叶乔木。树皮初光滑，灰绿色，老树树皮呈暗灰色，沟裂。短枝叶卵形、椭圆形或狭卵形，最宽处在中部以下，先端渐尖或突渐尖，边缘具腺圆锯齿，叶脉两面隆起，尤以下面为明显，具侧脉5～7条，无毛；蒴果卵圆形。花期4—5月，果期5—7月。

生长习性： 性喜湿润或干燥寒冷的气候。

校内分布： 仅南湖校区有几株高大青杨，如建筑馆西、双馨苑东南绿地。

价值功用： 树冠丰满，干皮清丽，是西北高寒荒漠地区重要的庭荫树、行道树，并可用于河滩绿化、防护林、固堤护森及用材林，常和沙棘造林，可提高其生长量。

微百科

小叶杨　*Populus simonii* Carr.

杨柳科　杨属　　　别名：明杨、南京白杨

树木整体形态（南湖校区北门东）

形态特征：

落叶乔木。幼树树皮为灰绿色，老树树皮呈暗灰色，沟裂。叶菱状卵形，中部以上较宽，先端突急尖或渐尖，边缘平整，细锯齿，无毛，上面淡绿色，下面灰绿或微白，无毛。蒴果小，无毛。花期3—5月，果期4—6月。

生长习性：

喜光，适应性强，耐旱，抗寒，耐瘠薄或弱碱性土壤；根系发达，抗风力强。

校内分布：

仅存1株，位于南湖校区北校门东侧靠上水加压站水池处。

价值功用：

小叶杨是防风固沙、护堤固土、绿化观赏的树种，也是东北和西北防护林和用材林的主要树种之一。

叶片正反面形态

树干形态

新疆杨 *Populus alba* var. *pyramidalis* Bunge

杨柳科　杨属　　　别名：新疆奥力牙苏、新疆银

树木整体形态（南湖校区望湖北路行道树）

树木整体形态（浑南校区3号学生宿舍北）

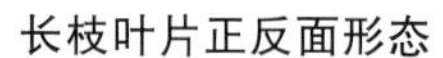

长枝叶片正反面形态

树干及皮孔形态

形态特征： 落叶乔木。树皮灰白或青灰色，光滑少裂，基部浅裂。芽、幼枝密被白色茸毛。萌条和长枝叶掌状深裂，基部平截；短枝叶圆形，粗锯齿。叶阔三角形或阔卵圆形，表面光滑，背面有白茸毛。仅见雄株，雄花序长达5厘米，穗轴有微毛。

生长习性： 中湿性树种，抗寒性较差；喜光，抗大气干旱，抗风，抗烟尘，抗柳毒蛾，较耐盐碱。

校内分布： 南湖校区五五运动场西和望湖北路行道树，浑南校区3号学生宿舍北侧、小南湖南。

价值功用： 新疆杨是优良的绿化和防护林树种。木材可供建筑、家具等用。

微百科

银中杨　*Populus alba* × *P. Berolinensis*

杨柳科　杨属　　　人工杂交种

树木远观形态（浑南校区信息学馆东南）

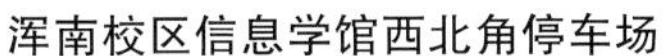

浑南校区信息学馆西北角停车场

当年生与二年生叶片正反面形态对比

形态特征：落叶乔木。树干圆满通直，树皮青白色，平滑，或灰绿色，被白粉。树干皮孔菱形，小枝圆筒状灰绿色，萌枝和长枝叶，叶片大，先端钝尖，短枝叶较小，先端钝尖，边缘有不规则波状钝齿，叶表面暗绿色，背面被有白茸毛。

生长习性：耐寒，抗旱，耐盐碱，抗病虫，生长速度较快。

校内分布：浑南校区信息学馆东南角和西北角，1号和2号学生宿舍南侧等地。

价值功用：银中杨是以熊岳的银白杨为母本，以中东杨为父本，经人工杂交选育而成的，只开花，不结果，无飞絮，是园林绿化优良树种之一。

毛白杨 *Populus tomentosa* Carrière

杨柳科　杨属　　　别名：大叶杨、响杨

微百科

树木整体形态（南湖校区冶金馆东）

形态特征：

落叶乔木。树皮幼时为暗灰色，壮时为灰绿色，渐变为灰白色，老时基部呈黑灰色，纵裂，粗糙，皮孔菱形散生，或2～4个连生。叶卵形或三角状卵形，先端渐尖，边缘深齿牙缘或波状齿牙缘，上面暗绿色，光滑，下面密生毡毛，后渐脱落。花期3月，果期4月。

生长习性：

深根性，较耐干旱和盐碱，生长快，寿命长。

校内分布：

南湖校区冶金馆西。

价值功用：

毛白杨既是优良的庭园绿化或行道树，也是华北地区速生用材造林树种，应大力推广。

叶片正反面形态

四种杨树叶片形态对比

新疆杨（左上）
北京杨（右上）
毛白杨（左下）
小叶杨（右下）

微百科

加拿大杨　*Populus × canadensis* Moench

杨柳科　杨属　　　别名：欧美杨

树木整体形态（沈河校区原印刷厂西）

叶片正反面形态

形态特征： 落叶乔木。树皮粗厚，深沟裂，下部暗灰色，上部褐灰色。叶三角形或三角状卵形，一般长大于宽，先端渐尖，基部截形或宽楔形，无或有1～2个腺体，边缘半透明，有圆锯齿，上面暗绿色，下面淡绿色。花期4月，果期5—6月。

生长习性： 喜温暖湿润气候，耐瘠薄及微碱性土壤；速生。

校内分布： 仅存1株，位于沈河校区。

价值功用： 木材可供箱板、家具和造纸等用；树皮含鞣质，可提制栲胶，也可做黄色染料，还是良好的绿化树种。

垂柳　*Salix babylonica* L.

杨柳科　柳属　　　　别名：水柳、垂丝柳

树木整体形态（浑南校区小南湖）

形态特征： 落叶乔木。树冠开展而疏散。树皮灰黑色，不规则开裂；枝细，下垂，淡褐黄色，无毛。叶狭披针形或线状披针形，锯齿缘。花序先叶开放，或与叶同时开放。蒴果，带绿黄褐色。花期3—4月，果期4—5月。

生长习性： 喜光，耐寒，萌芽力强，根系发达，生长迅速，寿命较短，树干易老化，30年后渐趋衰老。耐水湿，也能生于干旱处。

校内分布： 浑南校区小南湖。

价值功用： 多用插条繁殖。垂柳道旁、水边等绿化树种；枝条可编筐；树皮含鞣质，可提制栲胶；叶可做羊饲料。

文化寓意： “柳”同“留”谐音，柳在中国传统文化中是重情义的象征，古人折柳惜别就是此意，在很多诗词中均有体现。

早春开花形态

微百科

旱柳　*Salix matsudana* Koidz.

杨柳科　柳属　　别名：立柳、直柳

浑南校区小南湖北侧行道树

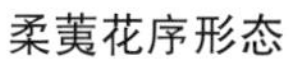

柔荑花序形态　　早春果序、种子形态　　叶片形态

形态特征：与垂柳的主要区别是大枝斜上，小枝也斜上生长，嫩梢略微下垂，而垂柳小枝下垂明显，二者树形整体区别较为明显。叶片、花序区别不大，生长习性和价值功用也相近。

校内分布：浑南校区小南湖、信息学馆停车场等，南湖校区一舍北等多有分散分布。

竹柳 *Salix babylonica* L.

杨柳科 柳属 别名：速生竹柳、美国竹柳

竹柳远观形态（浑南校区信息学馆）

叶片形态

形态特征：竹柳是新的柳树杂交品种。落叶乔木。树皮幼时绿色，光滑。顶端优势明显，腋芽萌发力强，分枝较早。叶披针形，单叶互生，叶片较旱柳和垂柳宽大，基部楔形，边缘有明显的细锯齿。经过多地试验，竹柳3号适应性最广、表现最优。

生长习性：喜光，耐寒性强，喜水湿，不耐干旱，根系发达。

校内分布：浑南校区生命学馆和信息学馆庭院。

价值功用：非常适合密植于北方建筑庭院，远观像竹子。适合生产纸浆。

蔷薇目（*Rosales*）。花各部轮状排列，少有螺旋状排列，花被2轮，有时缺花瓣，少有花被全缺，花下位、周位或上位，常为辐射对称及两性花，心皮常分离，或合生，有时有厚的、多数胚珠的胎座。

蔷薇科（*Rosaceae*）。草本、灌木或乔木，落叶或常绿，有刺或无刺。叶多互生，单叶或复叶，有明显托叶。花两性。通常整齐，周位花或上位花；花轴上端发育成碟状、钟状、杯状、坛状或圆筒状的花托（又称萼筒），在花托边缘着生萼片、花瓣和雄蕊；萼片和花瓣同数，通常4～5片，覆瓦状排列；雄蕊通常5枚至多枚，花丝离生；心皮1枚至多枚。果实为蓇葖果、瘦果、梨果或核果；种子通常不含胚乳；子叶为肉质，背部隆起。

蔷薇科约有124属3300种。我国约有51属1000种，产于全国各地。东北大学有11属44种。其中，乔木30种，灌木11种，藤本1种，多年生草本2种。

绣线菊亚科（*Spiraeoideae*）。灌木，稀草本，单叶稀复叶，叶片全缘或有锯齿；子房上位，具2个至多个悬垂的胚珠；果实成熟时多为开裂的蓇葖果，稀蒴果。绣线菊亚科共有22属。我国有8属。东北大学有2属4种，将在灌木篇章里详细介绍。

苹果亚科（*Maloideae*）。灌木或乔木，单叶或复叶，有托叶；心皮（1）2～5枚，多数与杯状花托内壁连合；子房下位、半下位；果实成熟时为肉质的梨果。苹果亚科有20属。我国有16属。东北大学有5属15种。其中，木瓜属将在灌木篇章里详细介绍。

蔷薇亚科（*Rosoideae*）。灌木或草本，复叶，稀单叶，有托叶；子房上位；果实成熟时为瘦果，着生在花托上或在膨大肉质的花托内。蔷薇亚科共有35属。我国有21属。东北大学有3属6种，将在灌木和多年生草本篇章里详细介绍。

李亚科（*Prunoideae*）。乔木或灌木，有时具刺；单叶，有托叶；花单生，伞形或总状花序；花瓣呈白色或粉红色；雄蕊10枚至多枚；子房上位；果实为核果，外果皮和中果皮肉质，内果皮骨质，成熟时多不裂开。李亚科共有10属。我国有9属。东北大学有1属19种，部分品种将在灌木篇章里介绍。

蔷薇科

山楂 *Crataegus pinnatifida* Bge.

蔷薇科　苹果亚科　山楂属　　　别名：山里红、酸楂

微百科

开花时整体形态（南湖校区建筑馆南）

花及花序形态

果实形态（1.0 ~ 1.5厘米）

叶片羽状深裂形态

形态特征：落叶乔木。树皮粗糙，暗灰色；当年生枝紫褐色，无毛，老枝灰褐色。叶片宽卵形或三角状卵形，先端短渐尖，通常两侧各有3 ~ 5枚羽状深裂片。伞房花序具多花，花白色。果实近球形或梨形，深红色，有浅色斑点；小核3 ~ 5个，外面稍具棱。花期5—6月，果期9—10月。

生长习性：山楂适应性强，喜光也能耐阴，既耐寒又耐高温。对土壤要求不严格。

校内分布：主要分布在南湖校区，建筑馆南、机电馆东、化学馆南、春华园、秋实园、汉卿会堂北、开闭站等多地。

价值功用：可栽培作观赏树，结果累累，经久不凋，颇为美观。果可生吃或做果酱果糕；干制后入药，有健胃、消积化滞之效。

文化寓意：花语是唯一的爱、守护，象征纯洁的爱情。

微百科

大果山楂　*Crataegus pinnatifida* var. major N.E.Br.

蔷薇科　苹果亚科　山楂属　　　　别名：大山楂、酸楂

开花时整体形态（浑南校区生命学馆南）

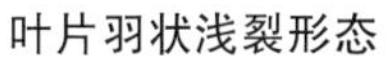

叶片羽状浅裂形态　　花及花序形态　　果实形态（2.0 ~ 2.5厘米）

形态特征：本变种与原种的区别：一是果形较大，直径可达2.5厘米，深亮红色；二是叶片较原变种分裂浅。

生长习性：生长习性同山楂。

校内分布：主要分布在浑南校区，小南湖、生命学馆南、校友林、5号学生宿舍西等多地。

价值功用：在河北山区是重要的果树树种，果实供鲜吃、加工或做糖葫芦用。一般用山楂为砧木嫁接繁殖。

山荆子　*Malus baccata*（L.）Borkh.

蔷薇科　苹果亚科　苹果属　　　别名：山定子

微百科

开花时整体形态（南湖校区一舍东）

形态特征： 落叶乔木。幼枝细弱，微屈曲，红褐色；老枝暗褐色。叶片椭圆形或卵形，先端渐尖，边缘有细锐锯齿。伞形花序，具花4～6朵，集生在小枝顶端，花梗细长；花瓣倒卵形，白色；雄蕊15～20枚，长短不齐，约等于花瓣之半。果实近球形，红色或黄色。花期4—6月，果期9—10月。

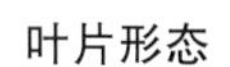

叶片形态

果实形态

生长习性： 生长茂盛，繁殖容易，耐寒力强，根系深长，结果早而丰产。

校内分布： 南湖校区化学馆西、一舍东绿地。

价值功用： 早春开放白色花朵，秋季结成小球形红黄色果实，很美丽，可做庭园观赏树种。东北、华北各地用作苹果和花红等砧木，大果型变种可做培育耐寒苹果品种的原始材料。

光辉海棠　*Malus*‘Radiant’

蔷薇科　苹果亚科　苹果属　　别名：绚丽海棠

开花时整体形态（南湖校区信息学馆南）

树皮形态

花形态

果实形态

开花时整体形态（浑南校区小南湖）

形态特征： 落叶小乔木。树皮棕红色，皮孔大而多。小枝紫红色，老枝红褐色。嫩叶紫红色，逐渐变为翠绿色，叶卵圆形至椭圆形，先端短尖。总状伞形花序，花蕾深紫红，花深粉红色。果锥形，橘黄或枯红色。花期4月末，果期6—10月。

生长习性： 耐寒，喜湿润土壤，喜光，不耐阴。有一定的耐盐碱力，喜肥，也较耐瘠薄。

校内分布： 南湖校区信息学馆南、浑南校区小南湖等。

价值功用： 可观花、赏果、看叶，是花叶果俱佳的园林树种。

文化寓意： 花语是游子思乡。

西府海棠 *Malus × micromalus* Makino

蔷薇科　苹果亚科　苹果属　　别名：子母海棠、小果海棠

微百科

开花时整体形态（南湖校区信息学馆东南）

叶片形态

花形态

形态特征： 落叶小乔木。小枝细弱圆柱形，紫红色或暗褐色。叶片长椭圆形，先端急尖，边缘有尖锐锯齿。伞形总状花序，有花4～7朵，集生于小枝顶端，粉红色；雄蕊花丝长短不等，花柱5枚，基部具茸毛。果实近球形，黄色。花期4—5月，果期8—9月。

生长习性： 喜光，耐寒，忌水涝，忌空气过湿，较耐干旱。

校内分布： 南湖校区信息学馆南。

价值功用： 为常见栽培的果树及观赏树。树姿直立，花朵密集，果味酸甜，可供鲜食及加工用。

文化寓意： 因生长于西府（陕西省宝鸡市）而得名。

果实形态

微百科

垂丝海棠 *Malus halliana* Koehne

蔷薇科 苹果亚科 苹果属

开花时整体形态（南湖校区信息学馆东南）

形态特征： 落叶乔木。小枝细弱，微弯曲，紫色或紫褐色。叶片卵形或长椭圆形，先端长渐尖，边缘有圆钝细锯齿，上面深绿色，有光泽并常带紫晕。伞房花序，具花4～6朵，花梗细弱，下垂，有稀疏柔毛，紫色；花粉红色。果实梨形，略带紫色。花期3—4月，果期9—10月。

生长习性： 喜阳光，不耐阴，也不甚耐寒，喜温暖湿润环境，不耐水涝，适于阳光充足、背风处。

校内分布： 南湖校区信息学馆南。

价值功用： 我国各地庭园常见栽培，供观赏用，有重瓣、白花等变种。

文化寓意： 垂丝海棠柔蔓迎风，垂英凫凫，如秀发遮面的淑女，脉脉深情，风姿怜人。

果实形态

亚斯特海棠 *Malus* ‘Ester’

蔷薇科　苹果亚科　苹果属

开花时整体形态（浑南校区建筑学馆西北角）

花形态

果实形态

亚斯特海棠（左）与光辉海棠（右）花萼背毛区别

形态特征：落叶乔木。树皮黄褐色，较光滑；当年生枝紫红色；叶片较小，椭圆形，先端渐尖，幼叶红色，老叶绿色；伞房花序，具花4～7朵，花蕾深粉红色，花瓣淡粉红色，花柄红色。果实近球形，颜色随着温度季节在紫红、红、橙红间变化。花期5月，果期8—10月，冬季果仍不落。

生长习性：抗性强，抗寒能力强，在哈尔滨地区种植良好。

校内分布：南湖校区一二・九花园、浑南校区建筑学馆北等。

价值功用：本品种是加拿大观赏海棠品种，2011年通过辽宁省非农作物品种审定，是良好的园林观赏和环境绿化树种。

红肉苹果　*Malus pumila* var. *niedzwetzkyana*（Dieck）Schneid

蔷薇科　苹果亚科　苹果属　　别名：红肉海棠

开花时整体形态（浑南校区文管学馆B座南）

花未全部开放时形态

花形态

果实形态

形态特征：落叶小乔木。树皮红褐色，小枝常红棕色，被细茸毛。春季新发叶全部为紫红色；叶片椭圆形或倒卵圆形，叶缘有锯齿；上面暗绿色，下面被疏柔毛。伞房花序，花瓣倒卵圆形，鲜紫红色。果实球形，果肉粉红色至紫红色。花期4—5月，果期6—10月。

生长习性：喜光、不耐阴，不耐湿热多雨天气，抗旱、抗寒力较强，耐贫瘠土壤和粗放管理。

校内分布：浑南校区文管学馆南、五舍东北角。

价值功用：其枝、叶、花、果鲜艳美丽，适应性广，生长势强，耐修剪，是优良的园林绿化树种。

苹果 ***Malus pumila*** **Mill.**

蔷薇科　苹果亚科　苹果属

微百科

结果时整体形态（南湖校区建筑馆西北）

花形态

叶片形态

形态特征：落叶乔木。小枝短粗，幼时密被茸毛，老枝紫褐色，无毛。叶片椭圆形或卵形，先端急尖，边缘具有圆钝锯齿。伞房花序，具花3～7朵，集生于小枝顶端；花瓣倒卵形，白色。果实扁球形，萼洼下陷，萼片永存。花期5月，果期7—10月。

生长习性：苹果能够适应大多数的气候。白天暖和，夜晚寒冷，以及尽可能多的光照辐射是保证优异品质的前提。

校内分布：南湖校区后勤服务中心南北、建筑馆西北等地。

价值功用：著名落叶果树，经济价值高。全世界栽培品种总数在1000种以上。

文化寓意：寓意平安。

微百科

花楸　*Sorbus pohuashanensis*（Hance）Hedl.

蔷薇科　苹果亚科　花楸属　　　别名：百华花楸、马加木

开花时整体形态（南湖校区机械楼东）

结果时整体形态（南湖校区机械楼东）

开花时整体形态（浑南校区5号学生宿舍北）

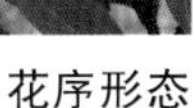

花序形态

果实形态

形态特征： 小乔木。小枝粗壮，灰褐色。奇数羽状复叶，小叶片5～7对，先端急尖或短渐尖，基部偏斜圆形，边缘有细锐锯齿。复伞房花序具多数密集花朵，白色。果实近球形，红色或橘红色，具宿存闭合萼片。花期6月，果期9—10月。

生长习性： 性喜湿润土壤，多沿着溪涧山谷的阴坡生长。常生于山坡或山谷杂木林内。

校内分布： 南湖校区新机械楼东、浑南校区小南湖和5号学生宿舍南北。

价值功用： 木材可做家具。花叶美丽，入秋红果累累，有观赏价值。果可制酱酿酒及入药。

文化寓意： 花语是美好、忠诚、善良。

水榆花楸 *Sorbus alnifolia*（Sieb. et Zucc.）K.Koch

蔷薇科　苹果亚科　花楸属　　　别名：水榆、枫榆

开花时整体形态（浑南校区5号学生宿舍）

花及叶片形态

果实形态

形态特征：落叶乔木。小枝圆柱形，二年生枝暗红褐色，老枝暗灰褐色，无毛。叶片卵形至椭圆卵形，先端短渐尖，边缘有不整齐的尖锐重锯齿。复伞房花序较疏松；花瓣卵形或近圆形，先端圆钝，白色。果实椭圆形或卵形，红色或黄色。花期5月，果期8—9月。

生长习性：喜湿润排水良好的壤质土，黏土和瘠薄土壤生长不良。

校内分布：浑南校区小南湖、5号学生宿舍内庭院。

价值功用：秋季叶片转变成猩红色，为美丽观赏树。木材供做器具、车辆及模型用，树皮可做染料，纤维供造纸原料。

微百科

秋子梨　*Pyrus ussuriensis* Maxim.

蔷薇科　苹果亚科　梨属　　别名：山梨、花盖梨

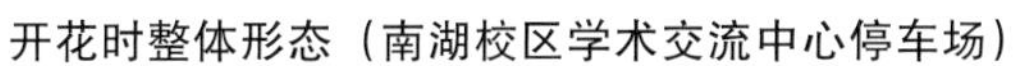
开花时整体形态（南湖校区学术交流中心停车场）

叶片形态

花及花序形态

形态特征：落叶乔木。枝条黄灰色至紫褐色。叶片卵形至宽卵形，先端短渐尖，基部圆形或近心形，边缘具有带刺芒状尖锐锯齿。花序密集，有花5～7朵；花瓣基部具短爪，白色。果实近球形，黄色，萼片宿存。花期5月，果期8—10月。

生长习性：本种抗寒力很强，适于生长在寒冷而干燥的山区。

校内分布：南湖校区双馨苑、交流中心，浑南校区小南湖等。

价值功用：品种很多，市场上常见的香水梨、安梨、沙果梨、京白梨等均属于本种。果与冰糖煎膏有清肺止咳之效。本种实生苗在果园中常作为梨的抗寒砧木。

文化寓意：梨花代表纯情，纯真的爱，永不分离。

果实形态

南果梨 *Pyrus ussuriensis* ‘Nanguoli’

蔷薇科　苹果亚科　梨属　　　　别名：鞍果

结果时整体形态（浑南校区东门至图书馆行道两侧）

形态特征： 落叶乔木。幼树枝干呈暗黄褐色，成年树呈灰褐色。叶片呈倒卵形或长圆状卵形，叶缘具刺毛状齿。伞房花序，蕾期淡红色，初开粉红色，盛开时白色。果实扁圆形到近球形，花萼多数脱落。花期4—5月，果期9—10月。

果实形态

叶片形态

生长习性： 南果梨对气候、土壤、光照、纬度等诸多生长条件要求苛刻。

校内分布： 浑南校区东门至西门轴线绿地。

价值功用： 辽南特产，主产地为辽宁鞍山。果肉细腻，爽口多汁，风味香浓，品质极好。有大南果梨和红南果梨等品种。

京桃　*Prunus davidiana*（Carr.）C. de Vos

蔷薇科　李亚科　李属　　　别名：山桃

开花时整体形态（浑南校区5号学生宿舍东北角）

花形态

果及叶片形态

树皮暗紫色形态

形态特征：落叶乔木。树冠开展，树皮暗紫色，光滑。叶片卵状披针形，先端渐尖，两面无毛，叶边具细锐锯齿；叶柄常具腺体。花单生，先于叶开放，粉红色。果实近球形，淡黄色；果肉薄而干，不可食，成熟时不开裂；核与果肉分离。花期3—4月，果期7—8月。

生长习性：本种抗旱耐寒，又耐盐碱土壤。

校内分布：南湖校区冶金馆、西门等多地，浑南校区小南湖等地，沈河校区亦有分布。

价值功用：东北早春最早开花的树种，主要有白山桃（花白色）和红山桃（花玫瑰红色）。木材质硬而重，可做各种细工及手杖。种仁可榨油，供食用。

桃 *Prunus persica* L.

蔷薇科 李亚科 李属

结果时整体形态（南湖校区后勤中心绿化中心院内）

花形态

果实形态

形态特征：落叶乔木。树皮暗红褐色。叶片椭圆披针形或倒卵状披针形，先端渐尖。花单生，先于叶开放，花粉红色。果实卵形、宽椭圆形或扁圆形，色泽变化由淡绿白色至橙黄色，常在向阳面具红晕，外面密被短茸毛。花期3—4月，果期通常为8—9月。

生长习性：原产我国，各省区广泛栽培。世界各地均有栽植。不同品种习性有很大差异。

校内分布：南湖校区后勤服务中心东南角。

价值功用：桃久经栽培，已培育出很多优良品种。桃树干上分泌的胶质（俗称桃胶），是一种聚糖类物质，水解能生成阿拉伯糖、半乳糖、木糖等，可食用，也可药用。桃的观赏树种也有很多，如后面介绍的红花碧桃、红叶碧桃等。

文化寓意：桃花的寓意和象征有很多，如可以象征美好的生活。

微百科

红花碧桃　*Prunus persica* ‘Rubro-plena’

蔷薇科　李亚科　李属　　　　桃的培育品种

开花时整体形态（南湖校区电动门两侧绿地）

花形态　　　叶片形态　　　果实形态

形态特征： 落叶小乔木。树冠宽广而平展；树皮暗红褐色，老时粗糙呈鳞片状。单叶，互生，椭圆状或披针形，先端渐尖，叶边具细锯齿。花单生或两朵生于叶腋，先于叶开放。花有单瓣、半重瓣和重瓣，多为深粉红或者红色。果实卵形、宽椭圆形或扁圆形。花期3—4月，果期8—9月。

生长习性： 喜阳光，耐旱，耐寒性好，不喜欢积水，如栽植在积水低洼的地方，容易出现死苗。

校内分布： 南湖校区电动门两侧绿地。

价值功用： 本品种是碧桃众多品种中的一种，广泛用于湖滨、溪流、道路两侧和公园等。

红叶碧桃 *Prunus persica* ‘Atropurpurea’

蔷薇科　李亚科　李属　　　　桃的培育品种

开花时整体形态（南湖校区建筑馆西北）

花形态

叶片形态

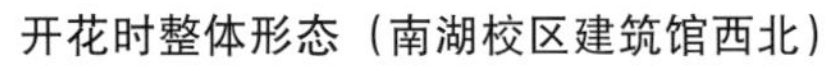

形态特征： 红叶碧桃是碧桃的一个变异品种，其形态特征与桃树相似。落叶乔木。树皮暗红褐色，老时粗糙呈鳞片状。幼叶鲜红色，叶片长圆披针形、椭圆披针形，先端渐尖。花单生，粉红色；花药绯红色。果实核大，果皮有短茸毛。花期4—5月，果期8—9月。

生长习性： 喜光，耐旱，稍耐寒，不耐水湿，喜排水良好的沙质壤土，忌低洼积水地栽植。

校内分布： 南湖校区建筑馆西北角。

价值功用： 花有单瓣、重瓣，果实小，无食用价值。主要用途为园林绿化，可列植、片植、孤植。繁殖方式为嫁接。

文化寓意： 寓意迎接美好的新生活，拥有好的心态和积极向上的力量。

果实形态

微百科

山杏　*Prunus sibirica*（L.）Lam.

蔷薇科　李亚科　李属　　　别名：西伯利亚杏

开花时整体形态（浑南校区小南湖）

叶片长尾尖形态

果实成熟时开裂形态

形态特征： 落叶小乔木。树皮暗灰色；小枝无毛，灰褐色或淡红褐色。叶片卵形或近圆形，先端长渐尖至尾尖，基部圆形至近心形，边缘有细钝锯齿。花单生，先于叶开放，白色或粉红色。果实扁球形，黄色或橘红色，果肉薄而干，成熟时开裂，味酸涩不可食；核扁球形，易分离。花期3—4月，果期6—7月。

生长习性： 耐寒又抗旱，生于干燥向阳山坡上、丘陵草原或与落叶乔灌木混生。

校内分布： 南湖校区图书馆，浑南校区小南湖、生命学馆等地，沈河校区亦有分布。

价值功用： 东北早春赏花的普遍园林树种，花期较桃树晚10天左右。可做砧木。

文化寓意： 杏与“幸”谐音，寓意生活幸福美满。

东北杏 *Prunus mandshurica*（Maxim.）Koehne

蔷薇科　李亚科　李属　　　别名：辽杏

开花时整体形态（南湖校区一舍西北角）

叶片短尾尖形态

果实形态

形态特征： 落叶乔木。树皮木栓质发达，深裂，暗灰色；嫩枝无毛，为淡红褐色或微绿色。叶片宽卵形至宽椭圆形，先端渐尖至尾尖，基部宽楔形至圆形，有时心形；叶柄常有2腺体。花先叶开放，花萼红褐色，花瓣粉红色或白色，雄蕊多数。果实近球形，黄色；果肉稍肉质或干燥，味酸或稍苦涩。花期4月，果期5—7月。

本种果实与山杏区别较为明显，山杏成熟时开裂，本种成熟时不开裂。

生长习性： 产于吉林、辽宁。喜光，耐寒力强，耐旱、耐瘠薄，但不耐涝，不喜湿度高环境。

校内分布： 南湖校区建筑馆东、一舍西北、金加实验室西等地，沈河校区亦有分布。

价值功用： 可做栽培杏的砧木，是培育抗寒杏的优良原始材料。花可供观赏。

大扁杏　*prunus armeniaca* ‘Dabianxing’

蔷薇科　李亚科　李属　　　别名：龙王帽

树木整体形态（南湖校区何世礼教学馆南）

叶片形态　　果实形态　　树干形态

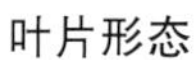

校内分布：南湖校区何世礼教学馆南、逸夫楼西，浑南校区图书馆南。

价值功用：果肉可制杏干、杏脯、杏罐头，也可用来造酒或制醋。

文化寓意：浑南校区图书馆南的杏坛象征着教育圣地。

欧洲甜樱桃 *Prunus avium*（L.）Moench

蔷薇科　李亚科　李属　　　别名：大樱桃

树木整体形态（浑南校区小南湖西北角）

形态特征：落叶乔木。树皮黑褐色。小枝灰棕色。叶片倒卵状椭圆形或椭圆卵形，先端骤尖或短渐尖，叶边有缺刻状圆钝重锯齿，齿端陷入小腺体；托叶边有腺齿。伞形花序，有花3～4朵，花叶同开；萼片开花后反折；花瓣白色，倒卵圆形，先端微下凹。核果近球形，红色至紫黑色。花期4—5月，果期6—7月。

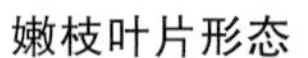
嫩枝叶片形态

果实及叶缘锯齿形态

生长习性：喜光、喜温、喜湿、喜肥的果树。

校内分布：浑南校区小南湖北。

价值功用：东北、华北等地多有栽培。果大，味美，生食或制罐头，可制糖浆及果酒。亦可做观赏植物。

微百科

欧洲酸樱桃　*Prunus cerasus* L.

蔷薇科　李亚科　李属　　　别名：樱桃

红果满树时整体形态（南湖校区后勤服务中心北）

形态特征： 落叶乔木。树皮暗褐色，有横生皮孔。叶片椭圆倒卵形至卵形，先端急尖，基部楔形并常有2～4腺，叶边有细密重锯齿。伞形花序，有花2～4朵，花叶同开；花瓣白色。核果扁球形或球形，鲜红色，果肉黄色，味酸。花期4—5月，果期6—7月。本种与欧洲甜樱桃的主要区别是：叶片较欧洲甜樱桃小很多，叶缘锯齿以及叶柄腺体与欧洲甜樱桃不同；果实口感也有很大差别，本种味酸明显。

叶片形态

果实形态

生长习性： 同欧洲甜樱桃。

校内分布： 南湖校区后勤服务中心北。

价值功用： 果园有少量引种栽培。除用于果树培育外，也可用于园林观赏用。

文化寓意： 樱桃是爱情的象征，寓意美好和甜蜜。

山樱花 *Prunus serrulata*（Lindl.）G. Don ex London

蔷薇科　李亚科　李属　　　别名：樱花、野生福岛樱

开花时整体形态（南湖校区八舍南）

叶片形态

秋季形态（浑南校区1号宿舍南）

形态特征： 落叶乔木。树皮灰褐色或灰黑色。小枝灰白色或淡褐色，无毛。叶片卵状椭圆形或倒卵椭圆形，先端渐尖，基部圆形，边有渐尖单锯齿及重锯齿，齿尖有小腺体。花序伞房总状或近伞形，有花2～3朵；花瓣白色，稀粉红色。核果球形或卵球形，紫黑色。花期4—5月，果期6—7月。

生长习性： 喜光，稍耐阴，耐寒性强，喜湿润气候。

校内分布： 南湖校区八舍、双馨苑，浑南校区1号学生宿舍周围、1号教学楼等地。

价值功用： 树形美观，花大而色艳，极为美丽，秋叶变橙或红色，为樱花花类的上品，是很好的庭院观赏树。

文化寓意： 花语是纯洁、高尚和淡薄。

浑南校区1号教学馆

日本晚樱　*Prunus serrulata* var. *lannesiana*（Carri.）Makino

蔷薇科　李亚科　李属　　　　别名：矮樱

开花时整体形态（南湖校区冶金馆南）

叶片形态

唇形皮孔形态

花形态（重瓣）

形态特征：本品种是山樱花的变种，小乔木，树皮灰褐色或灰黑色，有唇形皮孔。小枝灰白色或淡褐色，无毛。叶片卵状椭圆形或倒卵椭圆形，先端渐尖，边有渐尖单锯齿及重锯齿，齿端有长芒。伞房花序总状或近伞形；花白色、粉色等，有单瓣、重瓣之分。核果球形或卵球形，紫黑色。花期5月，果期6—7月。

生长习性：浅根性树种，喜阳光、深厚肥沃而排水良好的土壤，有一定的耐寒能力。

校内分布：南湖校区冶金馆南、浑南校区1号学生宿舍等地。

价值功用：我国各地庭园均有栽培，引自日本，供观赏用。

稠李 *Prunus padus* L.

蔷薇科　李亚科　李属　　别名：臭李子、臭耳子

开花时整体形态（南湖校区计算中心东）

叶片形态

叶柄腺点形态

形态特征：落叶乔木。树皮粗糙而多斑纹，老枝紫褐色或灰褐色。叶片长圆形或长圆倒卵形，先端尾尖，边缘有不规则锐锯齿；叶柄顶端两侧各具1个腺体。总状花序具有多花，基部通常有2~3叶，花瓣白色，长圆形，先端波状。核果卵球形，红褐色至黑色，光滑。花期4—5月，果期5—10月。

生长习性：喜光、耐阴，抗寒力较强，萌蘖力极强，病虫害少，不耐干旱瘠薄，微惧积水涝洼。

校内分布：南湖校区计算中心、汉卿会堂北，浑南校区小南湖。

价值功用：有垂枝、花叶、大花、重瓣、黄果和红果等变种，是一种蜜源及观赏树种。

果实形态

微百科

山桃稠李　*Prunus maackii*（Rupr.）Kom.

蔷薇科　李亚科　李属　　　别名：斑叶稠李

开花时整体形态（浑南校区南门）

树皮似桃树的形态

花及花序形态

形态特征：落叶乔木。树皮光滑，呈片状剥落，黄褐色；小枝带红色。叶片椭圆形或菱状卵形，先端尾状渐尖或短渐尖，叶边有不规则带腺锐锯齿；叶片基部边缘两侧各有1个腺体。总状花序多花密集，花瓣白色，长圆状倒卵形，先端1/3部分啮蚀状。核果近球形，紫褐色，无毛。花期4—5月，果期6—10月。

与稠李的主要区别是树皮和小枝为红色，似山桃。

生长习性：喜湿润肥沃土壤，又耐干旱瘠薄；适应性强，抗病力强，耐寒。

校内分布：南湖校区餐饮中心食堂东侧、计算中心北，浑南校区南门。

价值功用：东北乡土树种，其树姿优美，树皮亮黄色，十分鲜艳，观赏价值高，宜孤植、丛植、列植或片植，作为庭院树、行道树及街心绿地栽培。

紫叶稠李 *Prunus virginiana* L.

蔷薇科 李亚科 李属

全部变为紫叶时整体形态（浑南校区南门中间绿化带）

花及花序形态

叶片逐步变紫形态

果实形态

形态特征： 落叶乔木。叶片初生为绿色，有光泽，进入5月后随着气温升高，逐渐转为紫红色，秋后变为红色，整个生长季节，叶片变色期较长。花期4月底—5月中旬，花白色。果球形，较大，成熟时为紫黑色，果熟期7—8月。

生长习性： 喜光，在半阴生长环境下，叶片很少转为紫红色。

校内分布： 浑南校区小南湖、南门、生命学馆等地。

价值功用： 原产于北美洲，是中国北方地区重要的彩叶树种。

李子　*Prunus salicina* Lindl.

蔷薇科　李亚科　李属　　　别名：山李子、玉皇李

开花时整体形态（浑南校区小南湖）

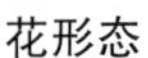

花形态

果实形态

秋季形态

形态特征：落叶乔木。树皮灰褐色，老枝紫褐色或红褐色，小枝黄红色。叶片长圆倒卵形或长椭圆形，边缘有圆钝重锯齿。花通常3朵并生，花瓣白色。核果球形，核卵圆形或长圆形，有皱纹。花期4月，果期7—8月。

生长习性：喜光也稍耐阴，抗寒，适应性强；浅根性，萌蘖性强，怕盐碱和涝洼。

校内分布：南湖校区汉卿会堂北，浑南校区小南湖、校友林。

价值功用：常见的观赏园林植物和果树；果味甘、酸。

文化寓意：寓意纯洁，也寓意知恩图报。李树与桃树种植在一起，寓意“桃李满天下”。

紫叶李 *Prunus cerasifera* f. *atropurpurea*（Jacq.）Rehd.

蔷薇科　李亚科　李属　　别名：红叶李

微百科

开花时整体形态（南湖校区六舍东南）

花、叶形态

开花时整体形态（浑南校区1号教学楼）

模纹形态（浑南校区南门）

果实形态

形态特征：小乔木、灌木或绿篱。多分枝，枝条细长，有时有棘刺。叶片椭圆形、卵形或倒卵形，先端急尖，边缘有圆钝锯齿。花1朵，花瓣白色，长圆形或匙形，边缘波状。核果近球形或椭圆形，黄色、红色或黑色，微被蜡粉。花期4月，果期8月。

生长习性：喜光、温湿气候，不耐干旱，较耐水湿，不耐碱。根系较浅，萌生力较强。

校内分布：南湖校区六舍、八舍南、科学馆等，浑南校区1号教学楼、图书馆北、南门、校友林等。

价值功用：整个生长季节都为紫红色，宜于在建筑物前及园路旁或草坪角隅处栽植。此外，也丰富了东北地区红叶绿篱和模纹品种。

豆科（*Fabaceae*）。乔木、灌木、亚灌木或草本，直立或攀缘，常有能固氮的根瘤。叶通常互生，常为一回或二回羽状复叶。花两性，辐射对称或两侧对称，通常排成总状花序、聚伞花序、穗状花序、头状花序或圆锥花序；花被2轮；花瓣（0～）5（6）片，常与萼片的数目相等，分离或连合成具花冠裂片的管，大小有时可不等，或有时构成蝶形花冠，遮盖住雄蕊和雌蕊；雄蕊通常10枚，有时5枚或多数（含羞草亚科），分离或连合成管，单体或二体雄蕊；雌蕊通常由单心皮组成，子房上位，1室。果为荚果，形状种种；种子通常具革质或有时膜质的种皮。

豆科为被子植物中仅次于菊科和兰科的三个最大科之一，具有重要的经济意义。农业上的大多数豆类作物均为本科植物。它是人类食品中淀粉、蛋白质、油和蔬菜的重要来源之一。

豆科约650属18000种，我国有172属1485种13亚种153变种16变型。东北大学有3亚科7属9种（8乔木、1草本）。

云实亚科（*Caesalpinioideae*）。乔木或灌木，有时为藤本。叶互生，一回或二回羽状复叶。花两性，通常组成总状花序或圆锥花序；花瓣通常5片，在花蕾时覆瓦状排列；雄蕊10枚或较少。荚果开裂或不裂而呈核果状或翅果状，种子有时具假种皮。

云实亚科约180属3000种。主要分布于热带和亚热带地区，少数属（如皂荚属和肥皂荚属）分布于温带地区。我国引入栽培的有21属约113种。东北大学有2属2种。

含羞草亚科（*Mimosoideae*）。常绿或落叶的乔木或灌木，有时为藤本，很少草本。叶互生，通常为二回羽状复叶。花小，两性，有时单性，辐射对称，组成头状、穗状或总状花序或再排成圆锥花序；花瓣与萼齿同数，镊合状排列；雄蕊通常与花冠裂片同数或为其倍数或多数，突露于花被之外，十分显著；心皮通常1枚，子房上位，1室。果为荚果；种子扁平，种皮坚硬，具马蹄形痕。

含羞草亚科约56属2800种。我国引入栽培的有17属约66种，主产西南部至东南部。东北大学有1属1种。

蝶形花亚科（*Papilionoideae*）。乔木、灌木、藤本或草本，有时具刺。叶互生，通常为羽状或掌状复叶，多为3小叶；托叶常存在，有时变为刺。花两性，单生或组成总状和圆锥状花序；花瓣5片，不等大，两侧对称，作下降覆瓦状排列构成蝶形花冠，瓣柄分离或部分连合，上面1枚为旗瓣，在花蕾中位于外侧，翼瓣2枚位于两侧，对称，龙骨瓣2枚位于最内侧，瓣片前缘常连合，有时先端呈喙状以至旋曲，并包裹着花蕊；雄蕊10枚或有时部分退化，连合成单体或二体雄蕊管，也有全部分离的；子房由单心皮组成，1室，上位。荚果呈各种形状，种子1至多数。

蝶形花亚科分32族，约440属12000种，遍布全世界。我国引进栽培的共有128属1372种183变种（变型）。东北大学有4属6种（含草本1属1种）。

豆科

紫荆 *Cercis chinensis* Bunge

豆科　云实亚科　紫荆属　　　别名：老茎生花、紫珠

开花时整体形态（南湖校区机电馆东）

嫩叶形态

叶期整体形态

形态特征： 落叶小乔木或丛生或单生灌木。树皮和小枝灰白色。叶纸质，近圆形或三角状圆形，先端急尖，基部浅至深心形，叶缘膜质透明，新鲜时明显可见。花紫红色或粉红色，2～10余朵成束，簇生于老枝和主干上，尤以主干上花束较多，通常先于叶开放；龙骨瓣基部具深紫色斑纹。荚果扁狭长形，绿色。花期4—5月，果期8—10月。

生长习性： 喜光，有一定的耐寒性，沈阳地区应栽植在小气候环境中，冬季需采取防寒措施。不耐涝，萌蘖性强，耐修剪。

校内分布： 南湖校区机电馆东。

价值功用： 本种是一美丽的木本花卉植物。树皮和花均可入药。

文化寓意： 豆科紫荆花有兄弟和睦、家庭美满的寓意，常被古今诗人寓以思念之情。

微百科

山皂荚　*Gleditsia japonica* Miq.

豆科　云实亚科　皂荚属　　　别名：山皂角

树木整体形态（南湖校区建筑馆西）

枝刺形态　　偶数羽状复叶形态

形态特征： 落叶乔木。小枝紫褐色或脱皮后呈灰绿色，微有棱；刺略扁，粗壮，紫褐色至棕黑色，常分枝。叶为偶数一回或二回羽状复叶，先端圆钝，有时微凹。花黄绿色，组成穗状花序。荚果带形，扁平，不规则旋扭或弯曲作镰刀状。花期4—6月，果期6—11月。

花及花序形态

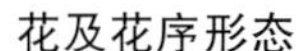

果实形态

生长习性： 喜光，稍耐阴，深根性植物，耐旱、耐寒、耐热，抗污染，寿命长。

校内分布： 南湖校区建筑馆西，浑南校区小南湖、校友林等地，沈河校区多地。

价值功用： 荚果含皂素，可代肥皂用以洗涤，可做染料；嫩叶可食；木材坚实，心材带粉红色，可做建筑、器具等用材；也可用于园林绿化。

文化寓意： 皂荚，外黑内白，寓意“明辨是非、爱憎分明、刚正不阿”。

合欢 *Albizia julibrissin* Durazz.

豆科　含羞草亚科　合欢属　　别名：绒花树、鸟绒树

微百科

开花时整体形态（南湖校区家属区）

形态特征：

落叶乔木。树冠开展；小枝有棱角，嫩枝、花序和叶轴被茸毛或短柔毛。二回偶数羽状复叶，总叶柄近基部及最顶一对羽片着生处各有1枚腺体；羽片4～12对，栽培的有时达20对；小叶10～30对，线形至长圆形。头状花序于枝顶排成圆锥花序，花粉红色，花丝长2.5厘米（主要观赏部位）。荚果带状。花期6—7月，果期8—10月。

花及花序形态

二回偶数羽状复叶形态

校内分布：南湖校区家属区。

生长习性：生长迅速，喜光，喜温暖，耐寒、耐旱、耐土壤瘠薄及轻度盐碱，但不耐水涝。

价值功用：开花如绒簇，十分可爱，树形开展，干性差，较适合做庭院观赏树种，如做行道树需在苗期养干。嫩叶可食，老叶可以洗衣服。

文化寓意：合欢花是吉祥如意之花，寓意言归于好，阖家欢乐，幸福美满。

微百科

朝鲜槐　*Maackia amurensis* Rupr. et Maxim.

豆科　蝶形花亚科　马鞍树属　　　别名：怀槐、山槐

树木整体形态（南湖校区化学馆西靠五五运动场围栏处）

形态特征：

落叶乔木。树皮淡绿褐色，薄片剥裂。枝紫褐色。奇数羽状复叶，长小叶3～5对，对生或近对生，纸质，卵形或倒卵状椭圆形，先端钝，短渐尖。总状花序；花蕾密被褐色短毛；花冠白色，旗瓣倒卵形，顶端微凹，基部渐狭成柄，反卷，翼瓣长圆形，基部两侧有耳。荚果扁平。花期6—7月，果期9—10月。

奇数羽状复叶形态

花及花序形态

生长习性：稍耐阴，较耐寒，喜肥沃湿润土壤，在较干旱山坡也能生长。

校内分布：南湖校区化学馆西靠五五运动场围栏。

价值功用：朝鲜槐以其独特的皮色、秀丽的叶形与叶色备受园林工作者的青睐，是优良的绿化树种。树皮、叶含单宁，可做染料；种子可榨油。

刺槐　*Robinia pseudoacacia* L.

豆科　蝶形花亚科　刺槐属　　　别名：洋槐

微百科

开花时整体形态（南湖校区外招西）

花及花序形态

荚果形态

开花时整体形态（浑南校区小南湖）

二体雄蕊形态

形态特征：

落叶乔木。树皮灰褐色，浅裂至深纵裂；具托叶刺；奇数羽状复叶；叶轴上面具沟槽；先端圆，微凹，全缘。总状花序，腋生，下垂，花多数，芳香；蝶形花冠，白色；二体雄蕊。荚果褐色，线状长圆形。花期5—6月，果期8—9月。

生长习性：根系浅而发达，易风倒，适应性强，生长快，萌芽力强。

校内分布：南湖校区外招、矿电楼东等地，浑南校区生命学馆、小南湖等地，沈河校区亦有分布。

价值功用：是速生薪炭林树种，又是优良的蜜源植物；为优良的固沙保土树种，习见为行道树。

文化寓意：花语有晶莹、美丽、脱俗的含义。

微百科

香花槐　*Robinia pseudoacacia*‘Idaho’

豆科　蝶形花亚科　刺槐属　　　别名：刺槐的栽培变种

开花时整体形态（南湖校区计算中心东北角绿地）

花及花序形态

叶片形态

形态特征： 落叶乔木。树干灰褐色。叶互生，奇数羽状复叶，叶椭圆形至卵状长圆形，比刺槐叶大。总状花序，下垂。花被红色，可以同时盛开小红花200～500朵。无荚果，不结种子。花期5月、7月或连续开花，花期长。

生长习性： 耐寒，耐干旱瘠薄，主、侧根发达，萌芽性强，根系浅，易倒伏；对城市不良环境有抗性，抗病力强。

校内分布： 仅在南湖校区计算中心东北角绿地内有2株。

价值功用： 本种是刺槐的栽培变种，原产西班牙，1992年引入中国试种成功。香花槐自然生长树冠开张，树形优美，无须修剪。生长迅速，开花早，其最具观赏价值的是红色的花。

国槐 *Styphnolobium japonicum*（L.）Schott

豆科　蝶形花亚科　槐属　　别名：槐、蝴蝶槐

开花时整体形态（浑南校区5号学生宿舍南）

树木整体形态（浑南校区生活服务中心南）

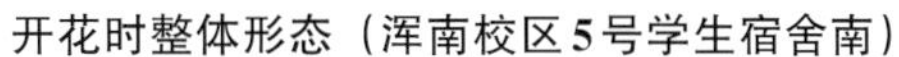

形态特征： 落叶乔木。树皮灰褐色，具纵裂纹。当年生枝绿色。奇数羽状复叶；叶柄基部膨大，包裹着芽。圆锥花序顶生；蝶形花冠，白色或淡黄色。荚果串珠状，种子卵球形，干后黑褐色，具肉质果皮，成熟后不开裂。花期7—8月，果期8—10月。

生长习性： 耐寒，喜光，稍耐阴，不耐阴湿，深根性，较耐瘠薄，寿命长。

花及花序形态

串珠状果实形态

校内分布： 南湖校区何世礼和大成教学馆门前行道树，浑南校区文管学馆、一号教学楼南、五舍南等多地，沈河校区浴池门前等。

价值功用： 树形优美，常用作行道树、树阵及庭院树等。花芳香，是优良的蜜源植物。

文化寓意： 槐象征着三公之位，举仕有望，还具有古代迁民怀祖的寄托、吉祥和祥瑞的象征。

微百科

龙爪槐　*Styphnolobium japonicum* ‘Pendula’

豆科　蝶形花亚科　槐属　　　别名：蟠槐、倒栽槐

树木整体形态（南湖校区逸夫楼南）

开花时整体形态（南湖校区双馨苑东绿地）

枝条形态

形态特征：龙爪槐是国槐的一个变型，枝和小枝均下垂，并向不同方向弯曲盘旋，形似龙爪，易与其他类型相区别。

生长习性：同国槐。

校内分布：南湖校区逸夫楼南、双馨苑东、老校部西、一二·九花园等地。

价值功用：树形独特优美，常用于庭院观赏。

文化寓意：代表富贵和吉祥。

山茱萸目（*Cornales*）。木本，稀为草本。单叶，多对生。花小，多两性，辐射对称，4基数，花瓣离生，或缺，雄蕊与花或萼片同数，或为其2～4倍，雌蕊2～9枚心皮，子房下位。核果，少为浆果。种子具有丰富的油质胚乳。山茱萸目包括4科150种，其中最大的科为山茱萸科。

山茱萸科（*Cornaceae*）。落叶乔木或灌木，稀常绿或草木。单叶，对生，少互生，通常叶脉羽状，边缘全缘或有锯齿。花两性或单性异株，为圆锥、聚伞、伞形或头状等花序，有苞片或总苞片；花3～5朵；花萼管状与子房合生，先端有齿状裂片3～5枚；花瓣3～5枚，通常白色，稀黄色、绿色及紫红色，镊合状或覆瓦状排列；雄蕊与花瓣同数而与之互生，生于花盘的基部；子房下位。果为核果或浆果状核果；核骨质，稀木质；种皮膜质或薄革质，胚小，胚乳丰富。

山茱萸科全世界有15属约119种，分布于热带至温带以及北半球环极地区，东亚为最多。我国有9属约60种，除新疆外，其余各省区均有分布。东北大学有1属3种（2乔木，1灌木）。

卫矛目（*Celastrales*）。木本，稀为草本。单叶，对生或互生。花大多数较小，两性，通常4～5基数；雌蕊由2～数枚心皮结合而成；子房上位。果实为蒴果、核果、浆果或翅果。卫矛目包含卫矛科、翅子藤科、刺茉莉科、冬青科等12科。

卫矛科（*Celastraceae*）。常绿或落叶乔木、灌木或藤本灌木及匍匐小灌木。单叶，对生或互生。花两性或退化为功能性不育的单性花，通常杂性同株；聚伞花序1至多次分枝；花4～5朵，花部同数或心皮减数，花萼花冠分化明显，花萼基部通常与花盘合生，花萼分为4～5枚萼片，花冠具4～5枚分离花瓣，常具明显肥厚花盘，雄蕊与花瓣同数，着生花盘之上或花盘之下，花药2室或1室，心皮2～5枚。多为蒴果，也有核果、翅果或浆果；种子多少被肉质具色假种皮包围。

卫矛科约有60属850种。主要分布于热带、亚热带及温暖地区，少数分布于寒温带。我国有12属201种，全国均产，其中引进栽培有1属1种。东北大学仅1属1种。

山茱萸科

微百科

灯台树　*Cornus controversa* Hemsley

山茱萸科　山茱萸属　　别名：六角树、瑞木

开花时整体形态（南湖校区游泳馆东）

形态特征：

落叶乔木。树皮光滑，暗灰色或带黄灰色；枝开展，当年生枝紫红绿色，二年生枝淡绿色，有半月形的叶痕和圆形皮孔。叶互生，阔卵形，先端突尖，全缘。伞房状聚伞花序，顶生，花小，白色；花瓣4枚。核果球形，成熟时紫红色至蓝黑色。花期5—6月，果期7—8月。

花序、叶片形态

树皮形态

果实形态

生长习性：喜温暖气候及半阴环境，适应性强，耐寒、耐热，生长快。

校内分布：南湖校区游泳馆东、北门东绿地，浑南校区小南湖等地。

价值功用：树姿优美奇特，叶形秀丽，白花素雅，大侧枝呈层状生长宛若灯台，被称为园林绿化珍品。果实可榨油。

文化寓意：花语是感谢、报答。

山茱萸　*Cornus officinalis* Sieb. et Zucc.

山茱萸科　山茱萸属　　　别名：枣皮

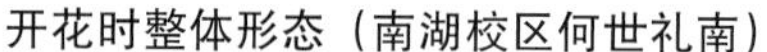
开花时整体形态（南湖校区何世礼南）

叶期整体形态

果实形态

形态特征： 落叶乔木或灌木。树皮灰褐色。叶对生，纸质，卵状披针形或卵状椭圆形，先端渐尖，全缘。伞形花序生于枝侧，有总苞片4枚；花小，两性，先叶开放；花瓣4枚，舌状披针形，黄色，向外反卷。核果长椭圆形，红色至紫红色；花期3—4月；果期9—10月。

校内分布： 全校仅在南湖校区何世礼南有2株。

生长习性： 喜光，较耐阴，沈阳地区应栽植在背风向阳处且需做好防寒措施，经驯化后可正常生长。

叶片形态

价值功用： 先开花后萌叶，秋季红果累累，绯红欲滴，艳丽悦目，很受欢迎。果实称“萸肉”（俗名枣皮），味酸涩，性微温。

文化寓意： 花语是报答、感谢，彼此相爱。

卫矛科

微百科

桃叶卫矛　*Euonymus maackii* Rupr.

卫矛科　卫矛属　　　别名：丝棉木、白杜、明开夜合

开花时整体形态（南湖校区计算中心东）

花形态

果实形态

形态特征：落叶小乔木。叶卵状椭圆形或窄椭圆形，先端长渐尖，边缘具细锯齿。聚伞花序3至多花；花4朵，淡白绿色或黄绿色。蒴果倒圆心状，4浅裂，成熟后果皮粉红色；种子长椭圆状，种皮棕黄色，假种皮橙红色，全包种子，成熟后顶端常有小口。花期5—6月，果期9月。

生长习性：喜光，稍耐阴，耐寒，较耐旱，根系发达，萌生能力强。

校内分布：南湖校区计算中心、秋实园、建筑馆南、采矿馆等多地，浑南校区小南湖、开闭站等多地。

价值功用：枝叶娟秀细致，秋季叶色变红，果实挂满枝梢，开裂后露出橙红色假种皮，甚为美观，可配植于屋旁、庭石及水池边。

文化寓意：丝棉木花语是平平淡淡总是真。

秋季果实挂满枝梢形态

鼠李目（*Rhamnales*）。木本或藤本，稀草本。花与卫矛目相似，鼠李目起源于蔷薇目。鼠李目有鼠李科、火筒树科和葡萄科3科。

鼠李科（*Rhamnaceae*）。灌木、藤状灌木或乔木，稀草本，通常具刺。单叶，互生或近对生，具羽状脉，或三至五基出脉。花小，整齐，雌雄异株，常排成聚伞花序、穗状圆锥花序、聚伞总状花序、聚伞圆锥花序，通常4基数；萼钟状或筒状，淡黄绿色，萼片镊合状排列，常坚硬，内面中肋中部有时具喙状突起，与花瓣互生；花瓣通常较萼片小，极凹，匙形或兜状，基部常具爪，或有时无花瓣，着生于花盘边缘下的萼筒上；雄蕊与花瓣对生，为花瓣抱持；子房通常3室或2室，每室有1基生的倒生胚珠。核果、浆果状核果、蒴果状核果或蒴果，沿腹缝线开裂或不开裂。鼠李科约58属900种以上，广泛分布于温带至热带地区。我国产14属133种32变种1变型，全国各省区均有分布，以西南和华南的种类最为丰富。东北大学有1属1种。

无患子目（*Sapindales*）。大多木本。复叶或单叶。花辐射对称，少数为两侧对称，通常4~5基数；雄蕊多为8或10枚，2轮，雌蕊常由2~6枚心皮组成；子房上位，每室1~2个胚珠，稀多数。无患子目包含省沽油科、无患子科、七叶树科、槭树科、漆树科、苦木科、芸香科等15科。

无患子科（*Sapindaceae*）。乔木或灌木，有时为草质或木质藤本。羽状复叶或掌状复叶，互生，通常无托叶。聚伞圆锥花序；花通常小，多单性，辐射对称或两侧对称；雄花花瓣4或5片，很少6片，雄蕊5~10枚，通常8枚，常伸出，退化雌蕊很小，常密被毛；雌花花被和花盘与雄花相同，不育雄蕊的外貌与雄花中能育雄蕊常相似，但花丝较短，花药有厚壁，不开裂；雌蕊由2~4枚心皮组成，子房上位。果为室背开裂的蒴果，或不开裂而浆果状或核果状，全缘或深裂为分果，1~4室；种子每室1颗，很少2颗或多颗。无患子科约150属2000种，分布于全世界的热带和亚热带，温带很少。我国有25属53种2亚种3变种，多数分布在西南部至东南部，北部很少。东北大学有2属2种。

槭树科（*Aceraceae*）。乔木或灌木。冬芽具多数覆瓦状排列的鳞片。叶对生，具叶柄，无托叶，单叶稀羽状或掌状复叶，不裂或掌状分裂。花序伞房状、穗状或聚伞状；花小，绿色或黄绿色，稀紫色或红色，整齐，雄花与两性花同株或异株；花瓣4或5片；生于雄蕊的内侧或外侧；雄蕊4~12枚，通常8枚；子房上位，2室，花柱2裂，仅基部联合，柱头常反卷。果实系小坚果，常有翅，又称翅果。槭树科仅有2属，全世界的槭树类植物共计有199种，中国约有151种。我校有1属8种（7乔木、1灌木）。

漆树科（*Anacardiaceae*）。乔木或灌木。韧皮部具裂生性树脂道。叶互生，稀对生，单叶，掌状三小叶或奇数羽状复叶。花小，辐射对称，排列成顶生或腋生的圆锥花序；通常为双被花；花萼多，少合生；花瓣3~5，覆瓦状或镊合状排列，雄蕊与花盘同数或为其2倍。果多为核果。

漆树科约60属600种，分布于全球热带、亚热带，少数延伸到北温带地区。我国有16属59种。东北大学有2属2种。

苦木科（*Simaroubaceae*）。乔木或灌木。树皮通常有苦味。叶互生，有时对生，通常为羽状复叶。花序腋生，总状、圆锥状或聚伞花序；花小，辐射对称；萼片3~5片，镊合状或覆瓦状排列；花瓣3~5片，分离，镊合状或覆瓦状排列；雄蕊与花瓣同数或为花瓣的2倍；子房通常2~5裂，2~5室，或者心皮分离，花柱2~5枚。果为翅果、核果或蒴果，一般不开裂。苦木科约20属120种，主产热带和亚热带地区；我国有5属11种3变种。东北大学有1属1种。

芸香科（*Rutaceae*）。乔木、灌木或草本，稀攀缘性灌木。通常有油点。叶互生或对生。单叶或复叶。花辐射对称；通常聚伞花序；萼片4或5片，离生或部分合生；花瓣4或5片，离生，覆瓦状排列；雄蕊4或5枚，或为花瓣数的倍数；雌蕊通常由4或5个心皮离生或合生，子房上位，柱头常增大，中轴胎座。果为蓇葖、蒴果、翅果、核果，或具革质果皮、或具翼、或果皮稍近肉质的浆果。芸香科约150属1600种。全世界分布，主产热带和亚热带，少数分布至温带。我国共28属约151种28变种，分布于全国各地，主产西南和南部。东北大学有1属1种。

鼠李科

微百科

枣树　*Ziziphus jujuba* Mill.

鼠李科　枣属　　　别名：红枣树、贯枣、刺枣

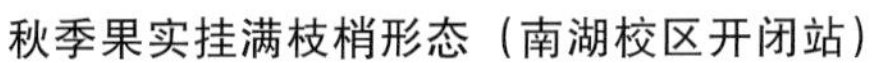

秋季果实挂满枝梢形态（南湖校区开闭站）

小枝之字形曲折

托叶刺形态

形态特征：落叶小乔木。树皮褐色或灰褐色；有长枝、短枝和无芽小枝，紫红色或灰褐色，呈之字形曲折，具2个托叶刺。叶纸质，卵形，卵状椭圆形，基生三出脉。花黄绿色，两性，5基数，单生或2~8个密集成腋生聚伞花序。核果矩圆形或长卵圆形，成熟时红色，后变红紫色。花期6—7月，果期8—9月。

生长习性：喜温果树，喜光，枣树耐旱、耐涝性较强，耐贫瘠、耐盐碱，但怕风。开花期要求较高的空气湿度，否则不利于授粉坐果。

校内分布：南湖校区开闭站、绿化中心、家属区，浑南校区小南湖。

价值功用：原产我国，现在亚洲、欧洲和美洲常有栽培。枣的果实味甜，除供鲜食外，常可制成蜜饯和果脯、枣泥、枣酒等。枣也可供药用，有养胃、健脾、滋补、强身之效。枣树花期较长，是良好的蜜源植物。

文化寓意：早生贵子，可谓福气多多。鲁迅先生把枣树比喻那些勇敢而伟大的抗争者。

花形态

果实形态

无患子科

栾树 *Koelreuteria paniculata* Laxm.

无患子科　栾属　　　别名：灯笼树、乌拉

微百科

开花时整体形态（浑南校区小南湖）

花及花序形态

果实形态

叶片形态

形态特征： 落叶乔木或灌木。树皮厚，灰褐色至灰黑色，老时纵裂。叶丛生于当年生枝上，一回、不完全二回或偶有二回羽状复叶，对生或互生，纸质，卵形、阔卵形至卵状披针形，边缘有不规则的钝锯齿。聚伞圆锥花序；花淡黄色，花瓣4枚，开花时向外反折。蒴果圆锥形，具3棱，顶端渐尖，果瓣卵形，外面有网纹，内面平滑且略有光泽；种子近球形。花期6—8月，果期9—10月。

生长习性： 喜光，稍耐半阴，耐寒，但是不耐水淹，耐干旱和瘠薄；深根性，萌蘖力强，生长速度中等，有较强的抗烟尘能力。

校内分布： 南湖校区一二·九花园、二舍西等，浑南校区小南湖、生命学馆西、1号教学楼西等地。

价值功用： 常栽培做庭院观赏树。木材黄白色，易加工，可制家具；叶可做蓝色染料，花可做黄色染料。

文化寓意： 栾树寓意绚烂一生，奇妙震撼。

秋季形态（南湖校区一二·九花园）

秋季形态（浑南校区1号教学楼西）

秋季形态（浑南校区生命学馆西）

文冠果 *Xanthoceras sorbifolium* Bunge

无患子科　文冠果属　　　别名：文冠花

微百科

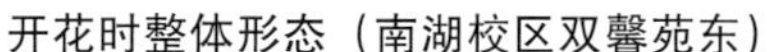

开花时整体形态（南湖校区双馨苑东）

叶片形态

果实形态（未开裂时）

果实及种子形态（开裂时）

形态特征：落叶灌木或小乔木。小枝粗壮，褐红色。小叶4～8对，两侧稍不对称，边缘有锐利锯齿，顶生小叶通常3深裂。两性花的花序顶生，雄花序腋生；花瓣白色，基部紫红色或黄色，有清晰的脉纹；花盘的角状附属体橙黄色。蒴果，种子黑色而有光泽。花期5月，果期7月。

生长习性：喜阳，耐半阴，耐瘠薄、耐盐碱，抗寒能力强；抗旱能力极强，但不耐涝、怕风。

校内分布：仅南湖校区双馨苑东绿地有分布。

价值功用：文冠果树姿秀丽，花序大，花朵稠密，花期长，甚为美观。种子可食，风味似板栗。种仁营养价值很高，是我国北方很有发展前途的木本油料植物。

文化寓意：文冠果的花语是纯情。

槭树科

微百科

元宝枫 *Acer truncatum* Bunge

槭树科 槭属 别名：平基槭、元宝槭

秋季叶片金黄形态（浑南校区图书馆南）

平基叶片形态

“金锭元宝”果实形态

形态特征：落叶乔木。树皮深纵裂。叶纸质，常5裂，基部截形；裂片三角卵形或披针形，先端锐尖，全缘，有时中央裂片的上段再3裂；主脉5条。花黄绿色。翅果嫩时淡绿色，成熟时淡黄色或淡褐色；翅常与小坚果等长，张开呈锐角或钝角。花期4月，果期8月。

生长习性：深根性树种，萌蘖力强，生长慢，寿命长；喜光，稍耐阴，较耐寒，耐旱，不耐涝。

校内分布：南湖校区二舍西，浑南校区小南湖、图书馆等。

价值功用：本种为我国特有种，因翅果形状像古代的“金锭元宝”而得名，是一种很好的庭院树和行道树。秋季变为金黄色或红色。

花及花序形态

五角枫　*Acer pictum* subsp. *mono*（Maxim.）H. Ohashi

槭树科　槭属　　　　别名：色木槭、五角槭

秋季红叶形态（浑南校区文管学馆南）

花及花序形态

叶片分裂形态

果实形态

形态特征：本种与元宝枫相似，主要的差别有：(1) 叶片基部常呈心形或锐角，而元宝枫基部多平直；(2) 五角枫叶片分裂程度没有元宝枫深，叶片看起来要粗大一些；(3) 五角枫叶片平面较元宝枫平整一些；(4) 元宝枫果实中的小坚果约占整个翅果的二分之一，小坚果与翅等长，而五角枫小坚果占整个翅果的三分之一左右，翅明显长于小坚果。生长习性与价值功用同元宝枫。

校内分布：南湖校区二舍西，浑南校区文管学馆南、生命学馆东等地。

文化寓意：五角枫的花语是清廉。每片枫叶都有五角，还象征着人人平等。

拧筋槭 *Acer triflorum* Kom.

槭树科 槭属 别名：三花槭、伞花槭

秋季红叶形态（浑南校区小南湖）

形态特征：落叶乔木。树皮褐色，常裂成薄片脱落。复叶由3枚小叶组成，小叶纸质，长圆卵形或长圆披针形，先端锐尖，边缘在中段以上有2～3个粗的钝锯齿。花序伞房状，具3花。花杂性，雄花与两性花异株。小坚果凸起，近于球形；翅黄褐色，中段较宽，张开呈锐角或近于直角。花期4月，果期9月。

生长习性：耐中等庇荫树种，喜光，耐寒，喜湿润土壤，不耐旱，适应性广。

校内分布：南湖校区二舍西、浑南校区小南湖。

价值功用：秋季叶色红艳，引人注目，为东北地区营造秋季色叶林的优选树种。

文化寓意：槭树的花语是坚韧不拔，不畏苦难。红色枫叶象征深情的恋人。

花、叶片及夏季形态（浑南校区小南湖）

假色槭 *Acer pseudosieboldianum*（Pax）Kom.

械树科 槭属 别名：紫花枫、九角枫

微百科

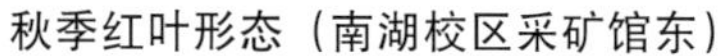
秋季红叶形态（南湖校区采矿馆东）

叶片形态

花及花序形态

形态特征：落叶灌木或小乔木。当年生枝绿色或紫绿色，多年生枝灰色或淡灰褐色。叶纸质，近于圆形，基部心脏形或深心脏形，常9~11裂。花紫色，常呈被毛的伞房花序；花瓣5枚，白色或淡黄白色。翅果嫩时紫色，成熟时紫黄色；小坚果凸起，连同翅张开呈钝角。花期5—6月，果期9月。

生长习性：生长于海拔700~900米的山岳地带。

校内分布：南湖校区采矿馆东、中化实验室东、北门西等，浑南校区小南湖、校友林等多地。

价值功用：夏季果实幼期翅果淡红色，秋季叶色火红，令人赏心悦目，作为集赏叶、赏果于一体的树种，是东北地区园林绿化方面有良好应用前景的乡土树种之一。

果实形态

微百科

糖槭　*Acer negundo* L.

槭树科　槭属　　　　别名：梣叶槭、白蜡槭

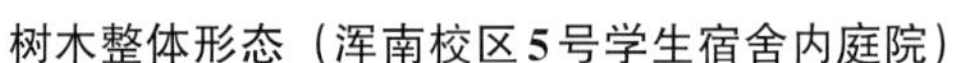

树木整体形态（浑南校区5号学生宿舍内庭院）

雄花及花序形态

叶片形态

形态特征： 落叶乔木。树皮黄褐色或灰褐色。奇数羽状复叶，3～7枚小叶，纸质，先端渐尖，边缘常有3～5个粗锯齿。雄花花序聚伞状，雌花花序总状，均由无叶的小枝旁边生出，常下垂，花小，黄绿色，开于叶前，雌雄异株。小坚果凸起，连同翅张开呈锐角或近于直角。花期4—5月，果期9月。

生长习性： 喜阳光，耐阴凉，适宜冷凉气候，较耐干冷、干旱，耐瘠薄，耐修剪，不耐盐碱，适应性强，根萌芽性强。

校内分布： 南湖校区秋实园、建筑馆、北门等地，浑南校区1、2号学生宿舍南，5号学生宿舍内庭院等地。

价值功用： 树冠广阔，夏季遮阴条件良好，可做行道树或庭园树。花蜜很丰富，是很好的蜜源植物。

果实形态

金叶复叶槭 *Acer negundo* ‘Aurea’

槭树科　槭属　　　　别名：金叶梣叶槭

树木整体形态（浑南校区生命学馆南）

树木整体形态（南湖校区春华园）

雄花及花序形态

叶片形态

形态特征：落叶乔木。树皮深黄色。奇数羽状复叶，叶小，纸质，椭圆形，先端渐尖，边缘具齿，淡绿色，无茸毛。雄花花序呈伞状，下垂，花小，淡黄色，先叶开花，雌雄异株。坚果，椭圆形，无茸毛。花期4—6月，果期8—9月。

生长习性：原产于北美洲。喜阳树种，较耐寒、耐旱，生长能力极强。

校内分布：南湖校区春华园、秋实园等地，浑南校区小南湖、生命学馆南等地。

价值功用：彩叶植物，色彩别具一格，孤植、群植均可，姿态优美，在园林景观中独具魅力。

美国红枫　*Acer rubrum* L.

槭树科　槭属　　　别名：红花槭

秋季红叶形态（浑南校区图书馆东北角）

秋季叶片形态

夏季叶片形态

秋季红叶形态（浑南校区东门北侧绿地）

形态特征： 落叶大乔木。新树皮光滑，浅灰色；老树皮粗糙，深灰色，有鳞片或皱纹。单叶对生，叶片3~5裂，手掌状，新生叶正面呈微红色，之后变成绿色，直至深绿色，秋季根据温差和湿度等环境因素变为红色、橙色或黄色。花为红色，稠密簇生，先花后叶。果实为翅果，呈微红色，成熟时为棕色。

生长习性： 生长速度快，耐寒、耐旱、耐湿。对有害气体抗性强，尤其是对氯气的吸收力强。

校内分布： 南湖校区六舍南、信息学馆南，浑南校区图书馆北、北门、校友林、东门北绿地等。

价值功用： 欧美经典的彩色行道树，叶色鲜红美丽，在园林绿化中被广泛应用。

文化寓意： 美国红枫的花语是热情奔放。

漆树科

黄栌 *Cotinus coggygria* Scop.

漆树科　黄栌属　　　别名：红叶、烟树

微百科

秋季红叶形态（南湖校区秋实园）

“紫烟”形态（浑南校区5号学生宿舍西北）

花及叶片形态

形态特征：

落叶小乔木或灌木。单叶，互生，倒卵形或卵圆形，全缘。圆锥花序疏松、顶生，花小、杂性，仅少数发育；不育花的花梗花后伸长，被羽状长柔毛，宿存；花瓣5枚。核果小，干燥，肾形扁平，绿色。花期5—6月，果期7—8月。

生长习性：喜光，耐半阴，耐寒，耐干旱、瘠薄，耐碱，不耐水湿。生长快，根系发达，萌蘖性强。秋季当昼夜温差大于10 ℃时，叶色变红。

校内分布：南湖校区北门、春华园、秋实园等，浑南校区5号学生宿舍北。

价值功用：夏赏“紫烟”，秋观红叶。北京香山红叶就是该树种。黄栌花后久留不落的花梗呈粉红色羽毛状，在枝头形成似云似雾的景观，宛如万缕罗纱缭绕树间，故黄栌又有“烟树”之称。

文化寓意：黄栌的花语是历经风霜，真情不变。

微百科

火炬树　*Rhus typhina* L.

漆树科　盐肤木属　　　别名：鹿角漆、火炬漆

秋季红叶形态（浑南校区风雨操场西）

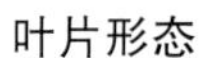

叶片形态

花及花序形态

形态特征：

落叶小乔木或灌木。树形不整齐；小枝粗壮，红褐色，密生茸毛；叶轴无翅，小叶19~23枚，长椭圆状披针形，先端长渐尖，有锐锯齿；雌雄异株，圆锥花序，直立，密生茸毛；花白色；核果深红色，密被毛，密集呈火炬形。花期6—7月，果期9—10月。

校内分布：

南湖校区北门西绿地、浑南校区风雨操场西。

生长习性：喜光，耐寒，耐干旱瘠薄，耐盐碱，根系发达，萌蘖力极强，生长速度较快。

价值功用：适应性强，秋叶红艳，果序红色形似火炬，冬季宿存，颇为奇特，可用于干旱瘠薄山区造林绿化、护坡固堤及封滩固沙；也可用于园林中丛植，以赏红叶和红果，增添野趣。

文化寓意：寓意曙光、坚强、重生和优秀。

苦木科

臭椿 *Ailanthus altissima*（Mill.）Swingle

苦木科　臭椿属　　　别名：黑皮樗、椿树

微百科

树木整体形态（南湖校区一二·九花园）

花及花序形态

果及果序形态

形态特征： 落叶乔木。树皮平滑而有直纹，嫩枝有髓。奇数羽状复叶；小叶对生或近对生，纸质，卵状披针形，基部偏斜，两侧各具1或2个粗锯齿，齿背有腺体1个，叶片揉碎后具臭味。花淡绿色，圆锥花序；花瓣5枚。翅果长椭圆形；种子位于翅的中间，扁圆形。花期4—5月，果期8—10月。

生长习性： 深根性，适应性强。喜光，耐寒，耐旱，不耐阴，不耐水湿，长期积水会烂根死亡。

校内分布： 南湖校区一二·九花园、春华园、冶金馆、南门、游泳馆北等多地，浑南校区小南湖。

价值功用： 本种可做石灰岩地区的造林树种，也可做园林风景树和行道树。木材黄白色，可制作农具车辆等；叶可饲春蚕（天蚕）。

芸香科

微百科

黄檗　*Phellodendron amurense* Rupr.

芸香科　黄檗属　　　　别名：黄菠萝、黄柏

树木整体形态（南湖校区建筑馆西南）

树皮似菠萝形态（主要识别点）

果及果序形态

形态特征：落叶乔木。枝扩展，成年树的树皮有厚木栓层，浅灰或灰褐色，深沟状或不规则网状开裂。奇数羽状复叶，有小叶5～13枚，秋季叶色由绿转黄而明亮。花序顶生；花瓣紫绿色。果圆球形，蓝黑色。花期5—6月，果期9—10月。

生长习性：适应性强，喜阳光，耐严寒，多生于山地杂木林中。

校内分布：南湖校区建筑馆西南，浑南校区4、5号学生宿舍东行道及小南湖，沈河校区科学宫西。

价值功用：渐危种，系第三纪古热带植物区系的孑遗植物，因过度采伐，资源越来越少，很易陷入濒危状态。木材坚硬，边材淡黄色，心材黄褐色，是家具、装饰的优良材。果实可做染料。种子可制肥皂和润滑油。

文化寓意：黄檗的花语是坚韧。

玄参目（*Scrophulariales*）。玄参目种类的株型差异极大，约2/3的种类为草本，剩下的种类中大部分为灌木，少数为木质藤本或乔木。叶对生、轮生或互生，单叶或复叶。花辐射对称或两侧对称；雄蕊2或4枚；子房上位，1或2室。常蒴果，或为浆果、核果。

玄参目含12科约750属近10000种，分布于南极以外的所有大陆。

木犀科（*Oleaceae*）。乔木，直立或藤状灌木。叶多对生，单叶、三出复叶或羽状复叶；具叶柄，无托叶。花辐射对称，通常聚伞花序排列成圆锥花序，或为总状、伞状、头状花序，或聚伞花序簇生于叶腋；花萼花冠通常4裂，稀无花冠，花蕾时呈覆瓦状或镊合状排列；雄蕊2枚，着生于花冠管上或花冠裂片基部；子房上位，由2枚心皮组成2室，每室具胚珠2枚。果为翅果、蒴果、核果、浆果或浆果状核果。

木犀科约27属400种，广布于两半球的热带和温带地区，亚洲地区种类尤为丰富。我国有12属178种6亚种25变种15变型，南北各地均有分布。连翘属、丁香属、女贞属和木犀属的绝大部分种类在我国均有分布，故我国为上述各属的现代分布中心。东北大学有4属12种（5乔木、7灌木）。

紫葳科（*Bignoniaceae*）。乔木、灌木或木质藤本，常具有各式卷须及气生根。顶生小叶或叶轴有时呈卷须状，卷须顶端有时变为钩状或为吸盘而攀缘他物；叶柄基部或脉腋处常有腺体。花两性，左右对称，通常大而美丽，组成顶生、腋生的聚伞花序、圆锥花序或总状花序或总状式簇生。花冠合瓣，钟状或漏斗状，常二唇形，5裂，裂片覆瓦状或镊合状排列。能育雄蕊通常4枚，有时能育雄蕊2枚，着生于花冠筒上。子房上位，2室，稀1室，或因隔膜发达而成4室；中轴胎座或侧膜胎座；花柱丝状，柱头2唇形。蒴果，室间或室背开裂，形状各异，光滑或具刺，通常下垂。种子通常具翅或两端有束毛，薄膜质，极多数，无胚乳。

紫葳科绝大多数种属都具有鲜艳夺目大而美丽的花朵，以及各式各样奇特的果实形状，在世界各国植物园均有栽培，为观赏、风景及行道树种，并且为热带理想的遮阴藤架植物。

紫葳科约120属650种，广布于热带、亚热带，少数种类延伸到温带，只欧洲、新西兰不产。我国有12属约35种，南北均产，但大部分种类集中于南方各省区；引进栽培的有16属19种。东北大学有2属2种（1乔木、1藤本）。

木犀科

微百科

白蜡　*Fraxinus chinensis* Roxb.

木犀科　梣属　　　别名：速生白蜡

树木整体形态（浑南校区生命学馆南）

树木秋季形态（浑南校区生命学馆南）

奇数羽状复叶形态

雄花形态

雌花形态

果及果序形态

形态特征：落叶乔木。树皮灰褐色，纵裂。小枝黄褐色，粗糙。奇数羽状复叶；小叶5～7枚，硬纸质，顶生小叶与侧生小叶近等大或稍大，叶缘具整齐锯齿。圆锥花序顶生或腋生枝梢；花雌雄异株；雄花密集，先花后叶，无花冠，雌花疏离，花柱细长。翅果匙形。花期4—5月，果期7—9月。

生长习性：阳性树种，喜光，根系发达，植株萌发力强，速生耐湿，耐瘠薄、干旱。

校内分布：南湖校区采矿馆南、图书馆东西两侧等多地，浑南校区一号教学楼东行道树、生命学馆、文管学馆等多地。

价值功用：树形美观，秋季叶色金黄，抗烟尘、二氧化硫和氯气，适合工厂、城镇绿化。主要经济用途为放养白蜡虫生产白蜡。

文化寓意：象征永远不变的爱，生命不息。

金叶白蜡 *Fraxinus chinensis* ‘Aurea’

木犀科　梣属　　　　别名：金冠白蜡

树木整体形态（浑南校区5号学生宿舍北）

叶片形态

雄花序形态

形态特征： 落叶乔木。树皮淡黄褐色，小枝光滑无毛。小叶5～9枚，卵状椭圆形，尖端渐尖，基部狭，不对称，缘有齿及波状齿，表面无毛。花萼钟状，无花瓣。花期4—5月。
其花、果等形态与原种相似。7月底之前，叶片金黄，之后嫩叶逐渐变为黄绿色，老叶变为绿色。

生长习性： 耐干旱，耐瘠薄，耐盐碱，耐酸性土壤，还耐一定的水湿，特别耐寒，抗二氧化硫，抗氯气，抗氯化氢，抗烟尘，能适应各种土壤。嫁接或扦插繁殖。

校内分布： 浑南校区5号学生宿舍北。

价值功用： 本种是最近新兴的一个彩叶树种。广泛用于园林及道路绿化，也可用于点缀草坪、园林置景，既美化了环境，又丰富了道路景观。

水曲柳　*Fraxinus mandshurica* Rupr.

木犀科　梣属　　　　别名：东北梣

树木整体形态（南湖校区九舍西行道树）

奇数羽状复叶形态

小叶着生关节处黄褐色曲柔毛形态

形态特征： 落叶大乔木。树皮厚，灰褐色，纵裂。小枝粗壮，黄褐色至灰褐色，四棱形，节膨大；叶痕节状隆起，半圆形。奇数羽状复叶，小叶着生处具关节，节上簇生黄褐色曲柔毛。圆锥花序生于去年生枝上，先叶开放；雄花与两性花异株，均无花冠，也无花萼。翅果大而扁。花期4月，果期8—9月。

生长习性： 水曲柳适应性强，具有耐严寒、抗干旱、抗烟尘和病虫害的特性。

校内分布： 南湖校区九舍西行道树、浑南校区生命学馆南。

价值功用： 本种材质优良，心材黄褐色，边材淡黄色，纹理美丽，是东北地区名贵的商品材，供制胶合板表层、高级家具、工具等，为产区的重要营林树种。水曲柳树形圆阔、高大挺拔，是优良的绿化和观赏树种。

花曲柳 *Fraxinus chinensis* subsp. *rhynchophylla*（Hance）E. Murray

木犀科　梣属　　　　　别名：大叶白蜡、大叶梣

树木整体形态（浑南校区4号学生宿舍东）

花及花序形态

复叶顶部叶宽大形态

形态特征：落叶大乔木。树皮灰褐色，光滑，老时浅裂。奇数羽状复叶，叶柄基部膨大，小叶着生处具关节，节上有时簇生棕色曲柔毛；小叶5～7枚，革质，顶生小叶显著大于侧生小叶，下方1对最小，叶缘呈不规则粗锯齿。圆锥花序顶生或腋生当年生枝梢，雄花与两性花异株。翅果线形。花期4—5月，果期9—10月。

生长习性：喜光，根系发达，抗寒性较强，对气温适应范围较广，但耐大气干旱能力较差。

校内分布：浑南校区4号学生宿舍东。

价值功用：本种枝叶茂密，树形美观，适合做行道树和庭院树。

树皮形态

微百科

暴马丁香　*Syringa reticulata* subsp. *amurensis*（Ruprecht）P. S. Green & M. C. Chang

木犀科　丁香属　　　　别名：暴马子、荷花丁香

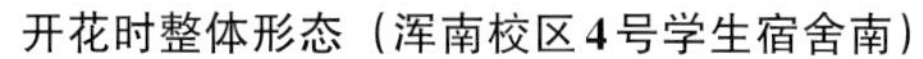

开花时整体形态（浑南校区4号学生宿舍南）

花序形态

花形态

果及果序形态

形态特征：落叶乔木。树皮紫灰褐色，具细裂纹。枝灰褐色，无毛，当年生枝绿色或略带紫晕，二年生枝棕褐色。叶片厚纸质，宽卵形、卵形至椭圆状卵形。圆锥花序宽大；花冠白色，呈辐状，裂片卵形。果长椭圆形。花期6—7月，果期8—10月。

生长习性：喜光，喜温暖、湿润及阳光充足。阴处或半阴处生长衰弱，开花稀少。具有一定的耐寒性和较强的耐旱力。积水会引起病害，直至全株死亡。

校内分布：浑南校区4号学生宿舍南、校友林等地。

价值功用：暴马丁香花序大，花期长，树姿美观，花香浓郁、芬芳袭人，是著名的观赏花木之一。

文化寓意：花语是坚定的信仰。

紫葳科

梓树 *Catalpa ovata* G. Don

紫葳科　梓属　　别名：臭梧桐、木角豆

开花时整体形态（浑南校区4号学生宿舍南行道树）

花形态

花序及叶片形态

果及果序形态

形态特征： 落叶乔木。叶对生或近对生，有时轮生，阔卵形，长宽近相等，全缘或浅波状，常3浅裂。顶生圆锥花序。花萼蕾时圆球形，2唇开裂。花冠钟状，淡黄色，内面具2黄色条纹及紫色斑点。蒴果线形，下垂。

生长习性： 阳性树种，喜欢光照，稍耐半阴，比较耐严寒，适应性强，深根性树种。

校内分布： 南湖校区小北门、建筑馆西以及青年公寓西行道树，浑南校区4号学生宿舍南行道树。

价值功用： 生长速度较快，花繁果茂，成簇状长条形果实挂满树枝，可做行道树、庭荫树。梓树有较强的消声、滞尘、抗大气污染能力，能抗二氧化硫、氯气、烟尘等，是良好的环保树种。但其展叶较晚，叶期较短。

文化寓意： 古人常将桑、梓植于房屋周围，“桑、梓”即故乡之意，其寓意深刻。

第二篇　灌木

灌木是指那些没有明显的主干、呈丛生状态比较矮小的多年生木本植物。一般可分为观花、观果、观枝干等几类。其中，砂地柏和矮紫杉为常绿灌木，且为裸子植物，本植物图鉴将二者收录在乔木篇裸子植物中予以介绍。金叶榆和紫叶李既有乔木形态，也有灌木和绿篱形态，这两种已在乔木篇中予以介绍，本篇中不再赘述。

本篇共收录12科23属37种。

毛茛目（*Ranales*）。木本植物或草本植物。花通常两性，稀单性，整齐，稀左右对称，各部分螺旋状排列或轮状排列。花轴常隆起，稀凹陷或与心皮多少合生。花被花瓣状或分化成花萼和花冠。雄蕊多数，或减少到少数。心皮多数，或减少到少数或1个，通常分生，稀合生。种子通常含丰富的胚乳。

小檗科（*Berberidaceae*）。灌木或多年生草本，稀小乔木，常绿或落叶。茎具刺或无。叶互生，稀对生或基生，单叶或1～3回羽状复叶；叶脉羽状或掌状。花序顶生或腋生，花单生、簇生或组成总状花序、穗状花序、伞形花序、聚伞花序或圆锥花序；花两性，辐射对称，花被通常3基数；萼片6～9枚，常花瓣状，离生，2～3轮；花瓣6片，扁平，盔状或呈距状，或变为蜜腺状，基部有蜜腺或缺；雄蕊与花瓣同数而对生，花药2室；子房上位，1室，胚珠多数或少数，稀1枚，花柱存在或缺，有时结果时宿存。浆果、蒴果、蓇葖果或瘦果。种子1至多数，有时具假种皮。

小檗科有17属约650种，主要分布于北温带和亚热带高山地区。中国有11属约320种，全国各地均有分布，但以四川、云南、西藏种类最多。东北大学仅1属1种。

芍药科（*Paeoniaceae*）。灌木或具根状茎的多年生草本。叶互生，为二回三出复叶，无托叶。花大，常单独顶生，两性，辐射对称，通常由甲虫传粉。萼片5枚，宿存。花瓣5～10片，覆瓦状排列，白色、粉红色、紫色或黄色。雄蕊多数，离心发育，花药外向，长圆形。花盘肉质，环状或杯状。心皮2～5枚，分生，子房沿腹缝线有2列胚珠，受精后形成具革质果皮的蓇葖果。种子大，红紫色，有假种皮和丰富的胚乳。芍药科仅芍药属1属，约35种。中国有11种，分布于西南、西北、华中、华北和东北。木本的牡丹组为中国特产。东北大学有1属2种（灌木、草本各1种）。

锦葵目（*Malvales*）。其特征已在第一篇乔木中予以介绍，本篇不再赘述。

锦葵科（*Malvaceae*）。草本、灌木至乔木。叶互生，单叶或分裂，叶脉通常掌状，具托叶。花腋生或顶生，单生、簇生、聚伞花序至圆锥花序；花两性，辐射对称；萼片3～5枚，分离或合生；其下面附有总苞状的小苞片（又称副萼）3枚至多枚；花瓣5片，彼此分离，但与雄蕊管的基部合生；雄蕊多数，连合成一管称雄蕊柱，花药1室，花粉被刺；子房上位，2室至多室，通常以5室较多，由2～5枚或较多的心皮环绕中轴而成，花柱上部分枝或者为棒状，每室被胚珠1枚至多枚，花柱与心皮同数或为其2倍。蒴果，常几枚果爿分裂，很少浆果状，种子肾形或倒卵形，被毛至光滑无毛，有胚乳。子叶扁平，折叠状或回旋状。

锦葵科约有50属1000种，分布于热带至温带。我国有16属81种36变种或变型，全国各地均有分布，以热带和亚热带地区种类较多。东北大学有3属3种（1灌木、2草本）。

本科是极为重要的经济作物，如棉属，其种子纤维是棉绒的主要来源，种子可以榨油，食用或供工业用，世界各国均广泛栽培。大叶木槿、黄槿、大麻槿等的茎皮是极优良的纤维植物。朱槿、木芙蓉、木槿、悬铃花、蜀葵等是著名的园林观赏植物。咖啡黄葵、锦葵、蜀葵等可供食用或者入药用。

小檗科

紫叶小檗 *Berberis thunbergii* ‘Atropurpurea’

小檗科　小檗属　　　别名：紫叶女贞、红叶小檗

绿篱整体形态（南湖校区信息学馆南）

花和枝条棱形态

果实形态

刺形态

形态特征：落叶灌木。幼枝淡红带绿色，无毛，老枝暗红色具条棱；茎刺单一。叶菱状卵形，先端钝，基部下延成短柄，全缘，紫红到鲜红。花2～5朵组成伞形花序，或无总梗而呈簇生状，花被黄色；花瓣长圆状倒卵形。浆果红色，椭圆体形，稍具光泽。花期4—6月，果期7—10月。

生长习性：适应性强，耐寒也耐旱，不耐水涝，喜阳也能耐阴，萌蘖性强，耐修剪，对各种土壤都能适应。但在光稍差或密度过大时部分叶片会返绿。

校内分布：南湖校区信息学馆南。

价值功用：紫叶小檗焰灼耀人，枝细密而有刺。春季开小黄花，入秋则叶色变红，果熟后亦红艳美丽，是良好的观果、观叶和刺篱材料。常与常绿树种搭配做块面色彩布置，效果较佳。

芍药科

微百科

牡丹　*Paeonia suffruticosa* Andr.

芍药科　芍药属　　　别名：木芍药、富贵花

开花时形态（南湖校区春华园）

形态特征： 落叶灌木。叶通常为二回三出复叶；顶生小叶宽卵形，3裂至中部，裂片不裂或2～3浅裂；侧生小叶狭卵形或长圆状卵形，不等2裂至3浅裂或不裂。花单生枝顶；花瓣5片，或为重瓣，玫瑰色、红紫色、粉红色至白色，通常变异很大，顶端呈不规则的波状。花期5月，果期6月。

生长习性： 喜温暖、凉爽、干燥、阳光充足的环境，忌积水，怕热，怕烈日直射。开花适温为17～20 ℃，但花前须经过低温处理2～3个月才可。北方寒冷地带，冬季需采取适当的防寒措施。

校内分布： 南湖校区春华园喷泉周围花池、建筑馆西南。

价值功用： 牡丹有2000多年的人工栽培历史。牡丹色、姿、香、韵俱佳，花大色艳，花姿绰约，韵压群芳。根据花的颜色，可分成上百个品种。

文化寓意： 典雅高贵、富贵吉祥。

叶片形态

锦葵科

木槿 *Hibiscus* syriacus L.

锦葵科　木槿属　　　　别名：朝开暮落花、喇叭花

微百科

开花时整体形态（南湖校区家属区）

花形态

叶片形态

形态特征： 落叶灌木。小枝密被黄色星状茸毛。叶菱形至三角状卵形，具深浅不同的3裂或不裂，先端钝，边缘具不整齐齿缺。花单生于枝端叶腋间；花钟形，淡紫色，花瓣倒卵形。蒴果卵圆形，种子肾形。苞片、花萼、花、果、种子均被茸毛或柔毛。花期7—10月。

生长习性： 较耐干燥和贫瘠，对土壤要求不严。稍耐阴，萌蘖性强，耐修剪，在北方寒冷地区栽培需保护其越冬。

校内分布： 南湖校区家属区。

价值功用： 木槿是夏、秋季的重要观花灌木，南方多做花篱、绿篱，北方做庭园点缀及室内盆栽。茎皮富含纤维，供造纸原料。

文化寓意： 象征着永恒的生命、魅力，还代表着经历苦难后愈发坚强的性格。

杜鹃花目（*Ericales*）。木本或草本。单叶。花两性，整齐，4～5数；花瓣通常连合；外轮雄蕊对瓣或对瓣一轮雄蕊不发育；花盘存在或缺；子房上位或下位，2～5室，每室胚珠常多数，具中轴胎座，胚珠有一层珠被。种子小，有胚乳。

杜鹃花科（*Ericaceae*）。木本植物，灌木或乔木。地生或附生；通常常绿，少有半常绿或落叶。叶革质，通常互生，全缘或有锯齿，不分裂。花单生或组成总状、圆锥状或伞形总状花序，两性，辐射对称或略两侧对称；花萼4～5裂，宿存，有时花后肉质；花瓣合生成钟状、坛状、漏斗状或高脚碟状，花冠通常5裂，裂片覆瓦状排列；雄蕊为花冠裂片的2倍，花丝分离；子房上位或下位，（2～）5（～12）室。蒴果或浆果，少有浆果状蒴果；种子小，粒状或锯屑状，无翅或有狭翅，或两端具伸长的尾状附属物。

杜鹃花科约103属3350种，全世界分布。我国有15属约757种，分布于全国各地，主产地在西南部山区。本科的许多属、种是著名的园林观赏植物，已为世界各地广为利用，我国常见的有杜鹃属、吊钟花属、树萝卜属的种类。东北大学仅有1属1种。

蔷薇目（*Rosales*）。其特征已在第一篇乔木中予以介绍，本篇不再赘述。

虎耳草科（*Saxifragaceae*）。草本，灌木，小乔木或藤本。单叶或复叶，互生或对生，一般无托叶。通常为聚伞状、圆锥状或总状花序；花两性；花被片4～5基数，覆瓦状、镊合状或旋转状排列；萼片有时花瓣状；花冠辐射对称，花瓣一般离生；雄蕊一般外轮对瓣，或为单轮，如与花瓣同数，则与之互生，花丝离生；子房上位、半下位至下位，多室而具中轴胎座；花柱离生或多少合生。蒴果、浆果、小蓇葖果或核果，种子具丰富胚乳。

虎耳草科约含17亚科80属1200种，分布极广，几遍全球，主产温带。经济植物颇多，例如常山、土常山、溲疏、落新妇、虎耳草等，为沿用已久的中药材。我国有7亚科28属约500种，南北均产，主产地在西南地区。东北大学有2属3种。

蔷薇科（*Rosaceae*）。其特征已在第一篇乔木中予以介绍，本篇不再赘述。

杜鹃花科

迎红杜鹃 *Rhododendron mucronulatum* Turcz.

杜鹃花科　杜鹃花属　　　别名：迎山红

微百科

开花时整体形态（浑南校区小南湖）

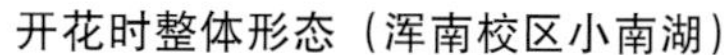

花形态

叶片形态

形态特征： 落叶灌木。分枝多，幼枝细长，疏生鳞片。叶片质薄，椭圆形或椭圆状披针形，边缘全缘或有细圆齿。花序腋生枝顶或假顶生，有花1~3朵，先叶开放，伞形着生；花冠宽漏斗状，淡红紫色。蒴果长圆形，先端5瓣开裂。花期4—6月，果期5—7月。

校内分布： 浑南校区小南湖、2号学生宿舍北等地。

生长习性： 喜半阴环境，需保持较高的空气湿度。要求酸性土壤，土壤疏松，根系为须状细根。

价值功用： 园林中最宜在林缘、溪边、池畔及岩石旁成丛成片栽植，也可于疏林下散植，是花篱的良好材料，可经修剪培育成各种形态。

文化寓意： 杜鹃代表富贵、繁荣与乐观，也代表革命的胜利和忠诚。

果实形态

虎耳草科

微百科

大花水桠木　*Hydrangea paniculata* ‘Grandiflora’

虎耳草科　绣球属　　　别名：大花圆锥绣球

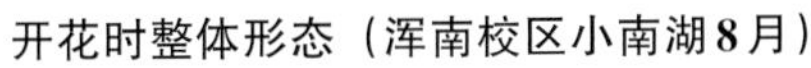

开花时整体形态（浑南校区小南湖8月）　　1个月后花变粉红色形态（浑南校区小南湖）

白花时形态　　粉红色时形态　　叶片形态

形态特征：落叶灌木。树形较小，呈伸展状，小枝褐色，光滑粗壮。叶片墨绿色，单叶，对生或三叶轮生，长卵圆形或椭圆形，先端渐尖，边缘有内弯细齿。庞大的圆锥花序生于枝顶，直立或弯垂；能孕育花小，多数为不孕花，芳香。花初开白色，之后逐渐变成粉绿、粉红或黄色。蒴果近卵形，棕色或粉红色。花期7—10月，果期10月。

生长习性：较喜光，稍耐阴，怕水湿，喜生于疏松、湿润肥沃的沙质土壤中。

校内分布：南湖校区信息学馆南，浑南校区小南湖、生命学馆、文管学馆等多地。

价值功用：栽培简单、繁殖容易、适应性强，不仅可以弥补当地夏秋季观花灌木的不足，而且可以丰富当地植物的多样性，提升园林景观效果。

文化寓意：寓意丰富，有希望、忠贞、永恒、美满、团聚等。

京山梅花 *Philadelphus pekinensis* Rupr.

虎耳草科　山梅花属　　别名：太平花

微百科

开花时整体形态（南湖校区一二·九花园）

当年生小枝及叶片形态

花形态

形态特征： 落叶灌木。小枝无毛，当年生小枝红褐色，二年生小枝栗褐色。叶卵形或阔椭圆形，先端长渐尖，边缘疏生乳头状小锯齿，两面无毛；叶脉离基出3～5条。总状花序，有花5～7朵；花瓣白色，倒卵形。蒴果近球形，宿存萼裂片近顶生。花期5—7月，果期8—10月。其与东北山梅花形态相近，主要区别在于花序轴、花梗、花萼有毛无毛之分。

校内分布： 南湖校区一二·九花园。

生长习性： 喜光，极耐阴，耐寒，适应性强。在林冠下山坡地段有良好的表象。

价值功用： 满枝花朵，素雅宜人，引人入胜，是园林绿化的良好观花植物，适宜种植在庭院、花坛、校园、风景区等地。

文化寓意： 凌霜斗雪、风骨俊傲、不趋荣利、坚强忠贞。

微百科

堇叶山梅花　*Philadelphus tenuifolius* Rupr. ex Maxim.

虎耳草科　山梅花属　　　　别名：薄叶山梅花

开花时整体形态（浑南校区小南湖南绿篱）

叶片形态

花形态

形态特征：落叶灌木。当年生小枝浅褐色，二年生小枝灰棕色，被毛。叶卵形或卵状椭圆形，先端急尖或渐尖，边近全缘或具疏离锯齿，上面疏被长柔毛，下面沿叶脉疏被长柔毛，常紫堇色；叶脉离基出3～5条。总状花序；花瓣白色，卵状长圆形，顶端圆，稍2裂。蒴果倒圆锥形。花期6—7月，果期8—9月。

生长习性：产于辽宁、吉林和黑龙江。

校内分布：浑南校区小南湖。

价值功用：堇叶山梅花是城市园林绿化的良好观花植物，适宜种植在庭院、公路旁、花坛、校园、风景区等地。

蔷薇科

榆叶梅 *Prunus triloba*（Lindl.）Ricker

蔷薇科　李亚科　李属　　　　别名：小桃红

微百科

开花时整体形态（南湖校区汉卿会堂北）

重瓣榆叶梅开花时形态（浑南校区小南湖）

重瓣花形态

嫁接鸾枝形态

叶片形态

形态特征： 落叶灌木，稀小乔木。小枝灰色。短枝上的叶常簇生，一年生枝上的叶互生；叶片宽椭圆形至倒卵形，先端短渐尖，常3裂，上面具疏柔毛或无毛，下面被短柔毛，叶边具粗锯齿或重锯齿。花1～2朵，先于叶开放，粉红色。果实近球形，红色。花期4—5月，果期5—7月。

生长习性： 喜光，稍耐阴，耐寒，对土壤要求不严，根系发达，耐旱力强，不耐涝，抗病力强。

校内分布： 南湖校区南门主路两侧、春华园、秋实园、采矿馆南等多地，浑南校区小南湖、5号学生宿舍等多地，沈河校区亦有分布。

价值功用： 因其叶像榆树，其花像梅花，所以得名“榆叶梅”。榆叶梅枝叶茂密，花繁色艳，是北方园林、街道、路边等重要的绿化观花灌木树种。

文化寓意： 花语是春光明媚、花团锦簇、欣欣向荣。

微百科

麦李　*Prunus glandulosa*（Thunb.）Lois.

蔷薇科　李亚科　李属

叶片形态

开花时整体形态（南湖校区九舍北）

花苞形态

形态特征： 落叶灌木。小枝灰棕色或棕褐色，无毛或嫩枝被短柔毛。叶片长圆披针形或椭圆披针形，边有细钝重锯齿。花单生或2朵簇生，花叶同开或近同开；花瓣白色或粉红色，倒卵形。核果红色或紫红色，近球形。花期3—4月，果期5—8月。

常见栽培品种有粉花麦李、白花重瓣麦李、粉花重瓣麦李。

生长习性： 喜光，较耐寒，适应性强，耐旱，也较耐水湿，根系发达。忌低洼积水、土壤黏重。

校内分布： 仅南湖校区学生城北绿地有1株，且长势较弱。

价值功用： 春天开花，满树灿烂，甚为美丽，秋季叶又变红，是很好的庭园观赏树。常于草坪、路边、假山旁及林缘丛栽，也可做基础栽植、盆栽或催花、切花材料。

文化寓意： 代表纯真。

毛樱桃 *Prunus tomentosa*（Thunb.）Wall.

蔷薇科　李亚科　李属　　　别名：山樱桃、樱桃、山豆子

开花时整体形态（南湖校区秋实园）

果实形态

叶片背毛明显多于榆叶梅

形态特征：

落叶灌木。小枝紫褐色或灰褐色，嫩枝密被茸毛。叶片卵状椭圆形或倒卵状椭圆形，先端急尖或渐尖，边有急尖或粗锐锯齿，被疏柔毛，下面灰绿色，密被灰色茸毛。花单生或2朵簇生，近先叶开放；花瓣白色或粉红色。核果近球形，红色。花期4—5月，果期6—9月。

生长习性：

喜光、喜温、喜湿、喜肥的果树，根系分布浅，不抗旱，不耐涝，也不抗风。

校内分布： 南湖校区秋实园，浑南校区小南湖、1号宿舍南。

价值功用： 本种果实微酸甜，可食用，也可酿酒。种仁含油率达43%左右，可制肥皂及润滑油。城市庭园常见栽培，供观赏用。

文化寓意： 花语是乡愁。

微百科

黄刺玫　*Rosa xanthina* Lindl.

蔷薇科　蔷薇亚科　蔷薇属　　　别名：黄刺莓

果实及皮刺形态

开花时整体形态（南湖校区建筑馆西）

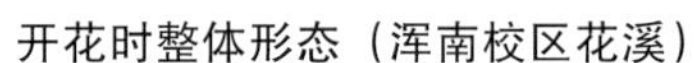

开花时整体形态（浑南校区花溪）

单瓣花形态

形态特征：落叶灌木。枝粗壮，密集，披散；小枝无毛，有散生皮刺。奇数羽状复叶，小叶7～13枚；小叶片宽卵形或近圆形，边缘有圆钝锯齿。花单生于叶腋，重瓣或半重瓣，黄色。果近球形或倒卵圆形，紫褐色或黑褐色：无毛，花后萼片反折。花期4—6月，果期7—8月。单瓣为变型种。

生长习性：喜光，稍耐阴，耐寒力强，对土壤要求不严，耐干旱和瘠薄，少病虫害。

校内分布：南湖校区建筑馆东西两侧、汉卿会堂北、春华园等地，浑南校区花溪、信息学馆东等。

价值功用：早春繁花满枝，颇为美观，可做保持水土及园林绿化的树种。果实可食，也可制果酱。

文化寓意：生活上，花语为希望，象征光明；在爱情里，花语象征美好真挚的感情。

玫瑰　*Rosa rugosa* Thunb.

蔷薇科　蔷薇亚科　蔷薇属　　　别名：刺玫

开花时整体形态（南湖校区一二·九花园）

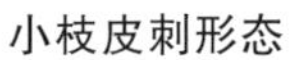

小枝皮刺形态

叶片形态

形态特征：

落叶灌木。小枝密被茸毛，并有针刺和腺毛，有淡黄色皮刺。奇数羽状复叶，小叶5～9枚；小叶片椭圆形或椭圆状倒卵形，边缘有尖锐锯齿。花单生于叶腋，或数朵簇生；花瓣倒卵形，重瓣至半重瓣，芳香，紫红色至白色。果扁球形，砖红色，肉质，萼片宿存。花期5—6月，果期8—9月。

生长习性：喜阳光充足，耐寒、耐旱，在黏壤土中生长不良、开花不佳。

校内分布：南湖校区一二·九花园、浑南校区小南湖。

价值功用：园艺品种很多，有粉红单瓣、白花单瓣、紫花重瓣等。

文化寓意：纯洁美丽的爱。

微百科

月季花　*Rosa chinensis* Jacq.

蔷薇科　蔷薇亚科　蔷薇属　　　别名：月月花

开花时整体形态（南湖校区主楼南）

形态特征： 直立灌木。小枝粗壮，有短粗的钩状皮刺。奇数羽状复叶，小叶3～5枚，小叶片宽卵形至卵状长圆形，边缘有锐锯齿。花几朵集生；花瓣重瓣至半重瓣，红色、粉红色至白色，倒卵形，先端有凹缺。果卵球形或梨形，红色，萼片脱落。花期4—9月，果期6—11月。

生长习性： 喜温暖、日照充足、空气流通的环境。大多数品种最适温度白天为15～26 ℃，晚上为10～15 ℃。冬季气温低于5 ℃即进入休眠。夏季温度持续30 ℃以上时，即进入半休眠，植株生长不良，花小瓣少，色暗淡而无光泽，失去观赏价值。

校内分布： 南湖校区主楼南花池、家属区有多处。

价值功用： 原产于中国，各地普遍栽培。园艺品种很多。月季花容秀美，姿色多样，四时常开，深受喜爱。

文化寓意： 粉色代表初恋；白色代表纯洁；红色代表热烈的爱；黑色代表个性。

东北珍珠梅 *Sorbaria sorbifolia*（L.）A. Br.

蔷薇科　绣线菊亚科　珍珠梅属　　　别名：八本条

微百科

开花时整体形态（浑南校区5号学生宿舍东）

形态特征： 落叶灌木。枝条开展；小枝圆柱形，稍屈曲，初时绿色，老时暗红褐色或暗黄褐色。奇数羽状复叶，小叶11～17枚，边缘有尖锐重锯齿。顶生大型密集圆锥花序；花瓣长圆形或倒卵形，白色。蓇葖果长圆形，有顶生弯曲花柱，果梗直立；萼片宿存，反折。花期7—8月，果期9月。

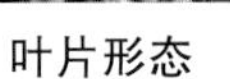

叶片形态

果及果序形态

校内分布： 浑南校区5号学生宿舍东、南湖校区家属区。

生长习性： 喜阳光充足、湿润气候，耐阴，耐寒，对环境适应性强，生长较快，耐修剪，萌发力强。

价值功用： 株丛丰满，枝叶清秀，贵在缺花的盛夏开出清雅的白花且花期很长。特别是具有耐阴的特性，因而是北方各类建筑物北侧绿化的花灌木树种。

文化寓意： 花语是努力、友情。

微百科

金山绣线菊　*Spiraea* × *bumalda* ‘Gold Mound’

蔷薇科　绣线菊亚科　绣线菊属

开花时整体形态（浑南校区1号教学楼西）

形态特征： 落叶地被或小灌木。枝细长而有角棱。单叶，互生，叶菱状披针形，叶缘具深锯齿；小叶金黄色。花两性，伞房花序，浅粉红色；花瓣5枚。蓇葖果，沿腹缝线开裂，内具数粒细小种子，种子长圆形。花期6—8月。

花及花序形态

春季新叶金黄时形态

因新叶金黄、明亮，株型丰满，好似一座小小的金山，故名金山绣线菊。

生长习性： 喜光，不耐阴，在遮阴条件下，叶子变薄、变绿而失去应有的观赏价值。耐寒，较耐旱，不耐水湿。

校内分布： 浑南校区花溪、校友林等。

价值功用： 适合做观花色叶地被，种在花坛、花境、草坪、池畔等地，宜与紫叶小檗、桧柏等配置成模纹，可以群植做色块或列植做绿篱，也可做花镜和花坛植物。

文化寓意： 绣线菊的花语是祈福、顽强、努力、坚持。

金焰绣线菊 *Spiraea* × *bumalda* ‘Gold Flame’

蔷薇科　绣线菊亚科　绣线菊属

植株整体形态（浑南校区花溪）

形态特征：落叶小灌木。新枝黄褐色，老枝黑褐色，枝条呈折线状，不通直，柔软。单叶，互生，边缘具尖锐重锯齿。花两性，花序较大，聚成复伞形花序；花瓣5枚，玫瑰红。蓇葖果。本种与前一种金山绣线菊在植株形态、叶片、花、果的形状等方面均相似，但叶色有较大区别，前者金黄，后者顶部叶子发红，看似火焰；前者花色为粉，后者花色为红。

生长习性：喜光，耐寒，萌蘖力强，耐修剪整形。耐干旱，耐盐碱，喜中性及微碱性土壤，耐瘠薄，病虫害少。

校内分布：南湖校区秋实园、浑南校区花溪。

价值功用：叶色有丰富的季相变化，橙红色新叶，黄色叶片和冬季红叶颇具感染力。可布置花坛、花境或点缀园林小品，也可做绿篱。

金焰（左）与金山（右）叶色对比

微百科

珍珠绣线菊　*Spiraea thunbergii* Sieb. ex Blume.

蔷薇科　绣线菊亚科　绣线菊属　　别名：珍珠花、喷雪花

开花时整体形态（浑南校区5号学生宿舍庭院）

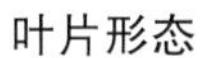

叶片形态

花及花序形态

形态特征：落叶灌木。枝条细长开张，呈弧形弯曲，小枝有棱角，幼时被短柔毛，褐色，老时转红褐色，无毛。叶片线状披针形，先端长渐尖。伞形花序；花瓣倒卵形或近圆形，先端微凹至圆钝，白色。蓇葖果开张，无毛。花期4—5月，果期7月。

生长习性：喜光，不耐阴，耐寒，耐旱；枝条细长且萌蘖性强。

校内分布：南湖校区九舍北，浑南校区各学生宿舍、建筑馆东北等地。

价值功用：花色艳丽，花朵繁茂，盛开时枝条全部为细巧的花朵所覆盖，形成一条条拱形花带，树上树下一片雪白，十分惹人喜爱。可以丛植于山坡、水岸、湖旁、石边、草坪角隅或建筑物前后，起到点缀或映衬作用。

贴梗海棠 *Chaenomeles speciosa*（Sweet）Nakai

蔷薇科　苹果亚科　木瓜属　　别名：皱皮木瓜

开花时整体形态（南湖校区信息学馆西南）

花形态

叶片及芽形态

形态特征：落叶灌木。枝条直立开展，有刺；小枝圆柱形，微屈曲，无毛，紫褐色或黑褐色。叶片卵形至椭圆形，先端急尖，稀圆钝，边缘具有尖锐锯齿。花 3～5 朵簇生于二年生老枝上；花瓣倒卵形或近圆形，多为猩红色。果实球形或卵球形，黄色或带黄绿色。花期3—5月，果期9—10月。

生长习性：适应性强，喜光，也耐半阴，耐寒，耐旱。对土壤要求不严，忌低洼和盐碱地。

校内分布：南湖校区信息学馆西南、建筑馆西北、汉卿会堂东北等地。

价值功用：各地习见栽培，花色大红、粉红、乳白，且有重瓣及半重瓣品种。枝密多刺可作绿篱。

文化寓意：平凡、热情。

微百科

日本贴梗海棠　*Chaenomeles japonica* (Thunb.) Lindl. ex Spach

蔷薇科　苹果亚科　木瓜属　　别名：日本木瓜

开花时整体形态（南湖校区机电学馆东）

形态特征：落叶灌木。枝条广开，有细刺；小枝粗糙，圆柱形，幼时具茸毛，紫红色，二年生枝条有疣状突起。叶片倒卵形、匙形至宽卵形，先端圆钝，边缘有圆钝锯齿，齿尖向内合拢，无毛。花3～5朵簇生，花瓣倒卵形或近圆形，砖红色。果实近球形，黄色。花期4—6月，果期8—10月。

花形态

叶片形态

生长习性：适应性强，喜光，也耐半阴，稍耐寒，喜湿润。忌低洼和盐碱地。

校内分布：南湖校区机电馆东、滨湖里家属区。

价值功用：原产于日本。有重瓣、白花、斑叶和平卧变种，供观赏用。

文化寓意：繁荣、兴旺、高贵、吉祥。

山茱萸目、山茱萸科特征已在第一篇乔木中予以介绍，本篇不再赘述。

大戟目（*Euphorbiales*）。木本，少数为草本。单叶，有时为复叶。花单性，通常较小，常无花瓣；雄蕊多数至1个；雌蕊由2～5枚心皮合成；子房上位，多室，常3室，胚珠每室1～2个。种子有丰富的胚乳。

大戟目的系统位置意见不一。恩格勒系统中大戟科属于牻牛儿苗目。克朗奎斯特认为，大戟目来源于卫矛目，应属于蔷薇亚纲。克朗奎斯特系统中大戟目包括黄杨科、希蒙得木科、小盘木科和大戟科四科。

黄杨科（*Buxaceae*）。常绿灌木、小乔木或草本。单叶，互生或对生，羽状脉或离基三出脉。花小，整齐，无花瓣；单性，雌雄同株或异株；花序总状或密集的穗状，有苞片；雄花萼片4片，雌花萼片6片，均二轮，覆瓦状排列，雄蕊4枚，与萼片对生，分离；雌蕊通常由3枚心皮组成，子房上位，3室，花柱3枚，常分离，宿存。果实为室背裂开的蒴果，或肉质的核果状果。种子黑色、光亮。

黄杨科全世界有4属约100种，生于热带和温带。我国均产；在我国已知有27种左右，分布于西南部、西北部、中部、东南部，直至台湾省。东北大学仅1属1种。

无患子目、槭树科特征已在第一篇乔木中予以介绍，本篇不再赘述。

唇形目（*Lamiales*）。草本或木本，茎常方形。叶对生、互生或轮生。花两性，稀单性，两侧对称，二唇形或否；雄蕊2或4枚，或与花冠裂片同数；子房多由2枚心皮组成，4个小坚果。唇形目有4科，以唇形科最重要。

马鞭草科（*Verbenaceae*）。灌木或乔木，有时为藤本，极少数为草本。叶多对生，通常单叶或掌状复叶。花序多数为聚伞、总状、穗状、伞房状聚伞或圆锥花序；花两性；花冠管圆柱形，管口裂为二唇形或略不相等的4～5裂，裂片通常向外开展，全缘或下唇中间1裂片的边缘呈流苏状；雄蕊4枚，着生于花冠管上，花丝分离；子房上位，通常由2枚心皮组成。果实为核果、蒴果或浆果状核果，外果皮薄，中果皮干或肉质。

马鞭草科有80余属3000余种，主要分布于热带和亚热带地区，少数延至温带。我国现有21属175种31变种10变型。东北大学有1属1种。

山茱萸科

微百科

红瑞木　*Cornus alba* L.

山茱萸科　山茱萸属　　　别名：凉子木、红瑞山茱萸

植株整体形态（浑南校区生命学馆停车场）

冬季枝条整体形态（浑南校区文管学馆南）

花及花序形态

牙黄红瑞木（南湖校区八舍南）

成熟果实形态

形态特征： 落叶灌木。树皮紫红色；老枝红白色，散生灰白色圆形皮孔及略为突起的环形叶痕。叶对生，纸质，椭圆形，边缘全缘或波状反卷，叶片上面叶脉微凹陷，下面凸起。伞房状聚伞花序顶生；花小，白色或淡黄白色，花瓣4枚。核果长圆形，微扁，成熟时乳白色或蓝白色。花期6—7月，果期8—10月。南湖校区八舍南栽植红瑞木为牙黄红瑞木，属于栽培变种，枝条为黄色而非红色，叶柄也为黄色。

生长习性： 喜欢潮湿温暖的生长环境，夏季注意排水，冬季在北方有些地区容易冻害。

校内分布： 南湖校区八舍南绿篱，浑南校区生命学馆停车场、文管学馆南、小南湖等地。

价值功用： 红端木秋叶鲜红，小果洁白，落叶后枝干红艳，是少有的观茎植物，也是良好的切枝材料。园林中多丛植草坪上或与常绿乔木相间种植，可得红绿相映的效果。

文化寓意： 勤勉，寓意勤劳和无私的奉献精神。

黄杨科

朝鲜黄杨 *Buxus sinica* var. *insularis*（Nakai）M. Cheng

黄杨科　黄杨属

绿篱整体形态（浑南校区文管学馆停车场）

形态特征：常绿阔叶小乔木或灌木。皮灰褐色，小枝淡绿色，四棱形。叶交互对生，卵圆形或倒卵形，革质全绿，先端微凹。花单性，雌雄同株，花序腋生，花密集，浅黄色。蒴果近球形。花期4月，果期7—8月。

生长习性：原产于日本和朝鲜。中国主要分布在东北南部至华中地区。喜光，稍耐阴，耐寒。

校内分布：南湖校区汉卿会堂、信息学馆、南门附近等多地，浑南校区各宿舍周边树下分布较多。

价值功用：朝鲜黄杨是良好的盆景和绿篱树种，可修剪造型，供造园观赏。其木材结构甚细至极细，均匀；干后尺寸性稳定，不翘裂，最适于做小型雕刻及车旋各种美术工艺品。

文化寓意：寓意不屈不挠。

黄杨球形态（南湖校区化学馆东）

果实形态

花及叶片形态

槭树科

微百科

茶条槭　*Acer tataricum* subsp. *ginnala* (Maxim.) Wesmael

槭树科　槭属　　　别名：茶条枫、茶条

植株整体形态（南湖校区原东荣宾馆南）

秋季红叶形态（浑南校区小南湖）

花及花序形态

叶片及果实形态

形态特征：落叶灌木或小乔木。树皮粗糙、微纵裂，灰色。当年生枝绿色或紫绿色，多年生枝淡黄色或黄褐色。叶纸质，常较深的3～5裂；中央裂片锐尖，侧裂片通常钝尖，各裂片的边缘均具不整齐的钝尖锯齿。伞房花序，花瓣5枚。果实黄绿色或黄褐色，连同翅张开近于直立或成锐角。花期5月，果期10月。

生长习性：阳性树种，耐阴，耐寒，喜湿润土壤，耐旱，耐瘠薄，抗性强，适应性广。

校内分布：南湖校区化学馆北、原东荣宾馆南、一二·九花园等，浑南校区小南湖、五舍西等地。

价值功用：夏季果翅红色，秋叶鲜红，翅果成熟前也红艳可观，是较好的秋色叶树种，也是良好的庭园观赏树种，可栽作绿篱及小型行道树，也可丛植、群植、盆栽。

马鞭草科

金叶莸 *Caryopteris × clandonensis* ‘Worcester Gold’

马鞭草科 莸属

植株整体形态（南湖校区家属区）

叶片形态

花及花序形态

形态特征：落叶灌木。枝条圆柱形。叶片金黄色，单叶，对生，长卵形，叶端尖，边缘有粗齿。聚伞花序紧密，腋生于枝条上部，蓝紫色，自下而上开放；花萼钟状，二唇形裂，下萼片大而有细条状裂；花冠、雄蕊、雌蕊均为淡蓝色，花期在夏末秋初的少花季节。

生长习性：喜光，耐半阴，耐旱，耐热，较耐寒。如长期处于半阴条件下，叶片则呈淡黄绿色。其根、根颈及附近部位的枝条皮层易腐烂变褐，导致植株死亡。

校内分布：南湖校区家属区。

价值功用：花序较长，蓝紫色，花期正值夏秋季，可填补夏末、秋季观花植物缺乏地区的不足，可庭园栽培供观赏。也可做绿篱、花镜、雕像的背景或组字构成图案。

玄参目、木犀科特征已在第一篇乔木中予以介绍，本篇不再赘述。

川续断目（*Dipsacales*）。草本或木本。叶对生，有时轮生。花两性，辐射对称或两侧对称，4或5基数。雄蕊为花瓣裂片的同数、倍数或较少；子房下位或半下位，心皮常2枚或3枚，稀5枚。

川续断目（*Dipsacales*）共有忍冬科、五福花科、败酱科、川续断科等4科。

忍冬科（*Caprifoliaceae*）。灌木或木质藤本，有时为小乔木或小灌木。落叶或常绿。茎干木质松软，常有发达的髓部。叶多对生，多为单叶。聚伞或轮伞花序，或由聚伞花序集合成伞房式或圆锥式复花序。花两性；花冠合瓣，辐状、钟状、筒状、高脚碟状或漏斗状，裂片（3）4～5枚，覆瓦状或稀镊合状排列，有时两唇形，上唇二裂，下唇三裂，或上唇四裂，下唇单一，有或无蜜腺；雄蕊5枚，或4枚而二强，着生于花冠筒；子房下位，中轴胎座。果实为浆果、核果或蒴果，种子具骨质外种皮。

忍冬科有13属约500种，主要分布于北温带和热带高海拔山地，东亚和北美东部种类最多，个别属分布在大洋洲和南美洲。我国有12属200余种。东北大学有5属8种（7灌木、1藤本）。

忍冬科以盛产观赏植物而著称，荚蒾属、忍冬属、六道木属和锦带花属等都是著名的庭园观赏花木。忍冬属和接骨木属的一些种是我国传统的中药材。接骨木属的果实可以酿酒。

木犀科

东北连翘 *Forsythia mandschurica* Uyeki

木犀科　连翘属　　别名：朝鲜连翘

开花时和叶期整体形态对比（浑南校区5号学生宿舍东）

萼片紫色形态

雄蕊短于雌蕊形态

叶片形态

形态特征：落叶灌木。树皮灰褐色。当年生枝绿色，无毛，略呈四棱形，疏生白色皮孔；二年生枝直立，无毛，灰黄色或淡黄褐色，疏生褐色皮孔，外有薄膜状剥裂，具片状髓。叶片纸质，宽卵形、椭圆形或近圆形，叶缘具锯齿、牙齿状锯齿或牙齿，叶脉在上面凹入，下面凸起。先花后叶，单生于叶腋；花萼裂片下面呈紫色；花冠黄色，裂片披针形；雄蕊短于雌蕊。蒴果长卵形。花期4月初，果期9月。

生长习性：喜光，耐半阴，喜温暖、湿润的气候，耐寒、耐旱，怕水涝，浅根性，耐移植。

校内分布：南湖校区春华园，浑南校区5号学生宿舍东、生命学馆和信息学馆东侧、小南湖等地。

价值功用：东北连翘是绿化优质树种。

文化寓意：花语是永恒，寓意是指导，受到连翘花祝福的人，将来必成大器。

金钟连翘　*Forsythia* × *intermedia* Zabel

木犀科　连翘属　　　　别名：金钟花

开花时整体形态（南湖校区冶金馆东北角）

形态特征：本种是连翘与金钟花的杂交种，性状介于两者之间，小枝绿色，髓呈薄片状，萌枝常呈拱形。叶对生，叶片椭圆形至披针形，有时3深裂或成3小叶，边缘通常中部以上有锯齿或近全缘。花1~3朵腋生，先于叶开放，花色金黄。蒴果卵形。花期4月下旬至5月，果期10月。

萼片绿色形态

雄蕊长于雌蕊形态

生长习性：强阳性树种，耐干旱，宜栽于土壤深厚处，抗寒性强。

校内分布：南湖校区春华园、采矿馆西、冶金馆东北角、一二·九花园、汉卿会堂北侧绿地等，浑南校区小南湖、北山校友林等地，沈河校区办公楼北等地。

价值功用：金钟连翘集中了金钟、连翘的优点，早春满枝金黄，艳丽可爱，可将其丛植于草坪、角隅、岩石假山下、路缘、转角处、阶前等，是园林早春不可缺少的观花灌木之一。

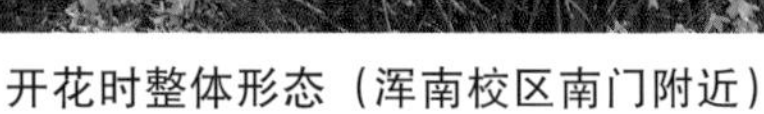

开花时整体形态（浑南校区南门附近）

叶片形态

东北连翘（上）与金钟连翘（下）叶片对比

开花时整体形态（沈河校区办公楼北）

两种连翘的主要区别：

（1）金钟连翘较东北连翘花期晚2～3周；

（2）金钟连翘的枝条常呈拱形，而东北连翘枝常直立生长；

（3）金钟连翘花的雄蕊常长于雌蕊，东北连翘反之；

（4）金钟连翘的花萼常为绿色，东北连翘的花萼则为紫色；

（5）金钟连翘的叶片较东北连翘的叶片小而窄，前者叶片边缘锯齿与全缘部分近等长，后者锯齿部分远大于全缘部分。

小枝具片状髓

金钟连翘（上）与东北连翘（下）果实形态对比

微百科

水蜡　*Ligustrum obtusifolium* Sieb. et Zucc.

木犀科　女贞属　　　别名：辽东水蜡树

开花时整体形态（南湖校区机电馆北）

叶片形态

树阵绿篱形态（浑南校区1号学生宿舍北）

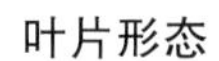

形态特征：落叶灌木。树皮暗灰色。小枝淡棕色或棕色，被较密微柔毛或短柔毛。叶片纸质，披针状长椭圆形，先端钝或锐尖，有时微凹而具微尖头，全缘。圆锥花序着生于小枝顶端；花序轴、花梗、花萼均被微柔毛或短柔毛，花冠白色。果近球形。花期5—6月，果期8—10月。

生长习性：适应性较强，喜光照，稍耐阴，耐寒，对土壤要求不严。

校内分布：南湖校区春华园、图书馆北等多地，浑南校区文管学馆西、1号学生宿舍北等地。

价值功用：耐修剪，且叶色浓绿，有光泽，落叶晚，用作绿篱材料或用作正常观赏绿化，效果很好。

小叶丁香 *Syringa pubescens* subsp. *microphylla*（Diels）M.C.Chang & X.L.Chen

木犀科　丁香属　　　　别名：四季丁香、小叶巧玲花

开花时整体形态（南湖校区游泳馆西）

叶片形态

花及花序形态

形态特征：落叶灌木。小枝、花序轴近圆柱形，连同花梗、花萼呈紫色，被微柔毛或短柔毛；叶片卵形、椭圆状卵形至披针形或近圆形；花冠紫红色，盛开时外面呈淡紫红色，内带白色。每年开花两次，第一次5—6月，第二次8—9月，故称四季丁香；果期7—9月。

生长习性：生长于山坡灌丛或疏林，山谷林下、林缘或河边，山顶草地或石缝间。

校内分布：南湖校区游泳馆西等，浑南校区4号学生宿舍庭院、1号教学楼西等地。

价值功用：花序较大，花开繁茂，花色淡雅，清香怡人，是园林绿化的优选树种。

微百科

紫丁香 *Syringa oblata* Lindl.

木犀科 丁香属 别名：丁香

开花时整体形态（南湖校区建筑馆西南角）

形态特征： 灌木或小乔木。树皮灰褐色或灰色，小枝较粗。叶片革质或厚纸质，卵圆形至肾形，宽常大于长，全缘。圆锥花序直立，由侧芽抽生；花冠紫色，花冠管圆柱形，裂片呈直角开展，先端内弯略呈兜状或不内弯。果倒卵状椭圆形、卵形至长椭圆形。花期4—5月，果期6—10月。

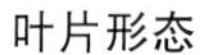

叶片形态

果实形态

生长习性： 喜光，稍耐阴，但阴处生长弱，开花少；耐寒、耐旱。忌在低洼地种植，积水会引起病害，直至全株死亡。

校内分布： 南湖校区建筑馆西、春华园、秋实园等多地，浑南校区4号学生宿舍南、小南湖等多地，沈河校区也有分布。

价值功用： 紫丁香是中国特有的名贵花木，已有1000多年的栽培历史，在中国园林中占有重要位置。植株丰满秀丽，枝叶茂密，且具有独特的芳香，广泛栽植于庭园等地。其吸收SO_2的能力较强，对SO_2污染具有一定的净化作用。

文化寓意： 勤奋、谦逊，象征良好的校风，激励学子努力学习、奋发向上。丁香还寓意无价、真挚的友谊。丁香还有人丁兴旺的寓意。

白丁香 *Syringa oblata* ‘Alba’

木犀科　丁香属　　　　别名：白花丁香

开花时整体形态（南湖校区一二·九花园）

花及花序形态

紫丁香叶片（左）与白丁香叶片（右）对比

形态特征： 本种为紫丁香的变种，也有学者提出可能是紫丁香的野生类型。本种与紫丁香的主要区别是叶片较小。花期4—5月。花密而洁白、素雅而清香，常植于庭园观赏；还可以用作鲜切花。其生长习性和用途同紫丁香。

校内分布： 南湖校区一二·九花园等地。

红丁香 *Syringa villosa* Vahl

木犀科 丁香属

开花时整体形态（南湖校区计算中心东北角绿地）

花及花序形态

叶片形态

形态特征： 落叶灌木。枝直立，粗壮，灰褐色，具皮孔。叶片较大，倒卵状长椭圆形，较皱，背面有白粉，沿中脉有柔毛。圆锥花序直立，由顶芽抽生，长圆形或塔形；花芳香；花冠淡紫红色、粉红色至白色，花冠管细弱，近圆柱形，裂片成熟时呈直角向外展开，先端内弯呈兜状而具喙，喙凸出；花药黄色，位于花冠管喉部或稍凸出。果长圆形，先端凸尖。花期5—6月，果期9月。

生长习性： 产自东北、内蒙古、华北及西北地区；喜光，稍耐阴，耐寒，耐旱，喜冷凉、湿润气候。

校内分布： 南湖校区计算中心东北角绿地，仅此1株。

价值功用： 是园林绿化的优良花灌木，应用中宜选择林缘、路边、丛植，也可以在庭前、窗外孤植，或配置在丁香专类园中。

忍冬科

金银忍冬 *Lonicera maackii*（Rupr.）Maxim.

忍冬科 忍冬属 别名：金银木、王八骨头

开花时整体形态（南湖校区秋实园）

花冠白色、黄色形态

形态特征：落叶灌木。幼枝、叶两面脉上、叶柄、苞片都被短柔毛和微腺毛。叶纸质，形状变化较大，通常卵状椭圆形至卵状披针形，全缘。花芳香；花冠先白色后变黄色，唇形，筒长约为唇瓣的1/2，内被柔毛。果实暗红色，圆形。花期5—6月，果熟期8—10月。

叶片形态

果实形态

生长习性：性喜强光，每天接受阳光照射不宜少于4小时，稍耐旱，较耐寒。

校内分布：南湖校区秋实园等多地，浑南校区小南湖、1号教学楼西等，沈河校区也有分布。

价值功用：金银忍冬春末夏初繁花满树，黄白间杂，芳香四溢；秋后红果满枝头，晶莹剔透，鲜艳夺目，而且挂果期长，经冬不凋，可与瑞雪相辉映，是一种叶、花、果俱美的花木。适合在园林中庭院、水滨、草坪栽培观赏。

文化寓意：美丽华贵、金银无缺、相思。

微百科

蓝叶忍冬　*Lonicera korolkowii* Stapf

忍冬科　忍冬属

开花时整体形态（浑南校区4号学生宿舍庭院）

形态特征： 落叶灌木。枝条紧密，幼枝中空，皮光滑无毛，常紫红色，老枝皮为灰褐色。单叶，对生，偶有三叶轮生，卵形或椭圆形，全缘，近革质，蓝绿色。花粉红色，对生于叶腋处，形似蝴蝶，有芳香，花朵盛开时向上翻卷，状似飞燕。花期4—5月，新生枝开花期7—8月。浆果红色，果期9—10月。

花形态

果实形态

生长习性： 原产自土耳其，喜光、耐寒，稍耐阴，耐修剪。

校内分布： 南湖校区图书馆东西两侧，浑南校区小南湖、4号学生宿舍庭院等多地。

价值功用： 叶色独特，花色粉红，枝叶繁茂，果实鲜红，是不可多得的观叶、观花、观果花灌木。可植于草坪中、水边、庭院等，也可做绿篱应用。

锦带花 *Weigela florida*（Bunge）A. DC.

忍冬科　锦带花属　　　别名：锦带、旱锦带花

开花时整体形态（南湖校区蔡冠深楼西南角）

形态特征： 落叶灌木。树皮灰色，幼枝梢四方形，有2列短柔毛。叶矩圆形、椭圆形至倒卵状椭圆形，边缘有锯齿，上面毛疏，脉上毛密，下面密生短柔毛或茸毛。花单生或成聚伞花序；花冠紫红色或玫瑰红色，裂片不整齐，开展，内面浅红色。果实顶有短柄状喙，花期5—6月。

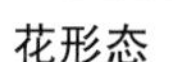

花形态

叶片形态

生长习性： 喜光，耐阴，耐寒；耐瘠薄土壤，怕水涝，萌芽力强，生长快。

校内分布： 南湖校区一二·九花园、蔡冠深楼西南等，浑南校区2号学生宿舍南、小南湖等地。

价值功用： 花期正值春花凋零、夏花不多之际，枝叶茂密，花色艳丽，花期可长达两个多月。

文化寓意： 前程似锦，拥有璀璨、光明的前途；也寓意蓬勃向上，保持朝气；炫如夏花。

微百科

红王子锦带　*Weigela florida* ‘Red Prince’

忍冬科　锦带花属

开花时整体形态（南湖校区九舍庭院）

形态特征： 落叶灌木。枝条开展呈拱形，嫩枝淡红色，老枝灰褐色。单叶，对生，叶椭圆形或卵状椭圆形，先端锐尖，缘有锯齿，表面脉上有毛，背面尤密。花1~4朵成聚伞花序，花冠5裂，漏斗状钟形，鲜红色。蒴果柱形。开花盛期5—6月，花序到9月份仍陆续不断。10月果熟。

花形态

叶片形态

生长习性： 与锦带花相近。

校内分布： 南湖校区九舍庭院、一二・九花园等多地，浑南校区校友林、5号学生宿舍等多地。

价值功用： 株型美观，枝条修长，花朵稠密，花红艳丽，灿如锦带，盛花期孤植株型形似红球，因而得名“红王子”，已成为锦带花的换代品种，具有很高的观赏价值。

文化寓意： 前程似锦、绚烂、美丽。

鸡树条荚蒾 *Viburnum opulus* subsp. *calvescens*（Rehder）Sugimoto

忍冬科　荚蒾属　　　　别名：天目琼花、鸡树条

开花时整体形态（南湖校区化学馆东北）

开花时整体形态（浑南校区1号教学楼东北）

叶片及叶柄腺点形态

花及花序形态

果及果序形态

形态特征：落叶灌木。当年小枝有棱，无毛，皮孔凸起，老枝和茎干暗灰色，树皮质厚而多少呈木栓质。叶圆卵形至广卵形或倒卵形，通常3裂，具掌状3出脉，边缘具不整齐粗牙齿；叶柄有明显的腺体。复伞形状聚伞花序，周围有大型的不孕花；花冠白色。果实红色，近圆形。花期5—6月，果熟期9—10月。

生长习性：阳性树种，稍耐阴，喜湿润空气，对土壤要求不严，耐寒性强，根系发达，易移植。

校内分布：南湖校区化学馆北，浑南校区生命学馆、1号教学楼等多地。

价值功用：秋叶变红，非常美丽；秋冬果红满枝，和白花相衬，景色迷人。宜做公园灌丛、墙边及建筑物前绿化树种。

文化寓意：白花象征洁白，鲜红的果实象征红艳，所以，花语为洁白与红艳，寓意美满的爱情。

微百科

接骨木　*Sambucus williamsii* Hance

忍冬科　接骨木属　　别名：续骨草、九节风

开花时整体形态（南湖校区一舍北）

形态特征： 落叶灌木或小乔木。老枝淡红褐色，皮孔明显，髓部淡褐色。奇数羽状复叶有小叶2～3对，顶端尖、渐尖至尾尖，边缘具不整齐锯齿，叶搓揉后有臭气。花与叶同出，圆锥形聚伞花序顶生，花小而密；花冠蕾时带粉红色，开后白色或淡黄色。果实红色，卵圆形或近圆形。花期4—5月，果熟期9—10月。

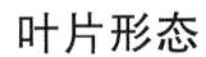

叶片形态

果及果序形态

生长习性： 适应性较强，对气候要求不严；喜向阳，但又稍耐阴。较耐寒，又耐旱，根系发达，萌蘖性强。

校内分布： 南湖校区一舍西北、浑南校区5号学生宿舍东侧。

价值功用： 春季白花满树，夏秋红果累累，是良好的观赏灌木；对氟化氢、氯化氢、二氧化硫等有较强的抗性。

猬实 *Kolkwitzia amabilis* Graebn.

忍冬科　猬实属　　别名：美人木

微百科

开花时整体形态（南湖校区双馨苑东绿地）

叶片形态

果密被刚毛形态

形态特征： 落叶灌木。幼枝红褐色，被短柔毛及糙毛，老枝光滑，茎皮剥落。叶椭圆形至卵状椭圆形，顶端尖或渐尖，全缘，少有浅齿状。伞房状聚伞花序；萼筒外面密生长刚毛；花冠淡红色，基部甚狭，中部以上突然扩大，外有短柔毛，裂片不等，其中2枚稍宽短，内面具黄色斑纹。果实密被黄色刺刚毛。花期5—6月，果熟期8—9月。

生长习性： 喜温暖湿润和光照充足的环境，有一定的耐寒性，耐干旱。

校内分布： 南湖校区双馨苑东绿地、浑南校区花溪。

价值功用： 猬实为我国特有的单属种。花密色艳，花期正值初夏百花凋谢之时，更感可贵。猬实的瘦果，密被黄色带刺刚毛，形似刺猬，“猬实”之名由此而来。

文化寓意： 清静，矜持。

第三篇　藤本

藤本植物是指那些茎干细长，自身不能直立生长，必须依附他物而向上攀缘的植物。按照茎的质地可分为草质藤本（如牵牛）和木质藤本（如凌霄）。按照攀附方式，可分为缠绕藤本（如金银花）、吸附藤本（如凌霄、爬山虎、五叶地锦）和卷须藤本（如葡萄）、蔓生藤本（如蔷薇）。

本篇共收录4科5属6种。

蔷薇目、蔷薇科特征已在第一篇乔木中予以介绍，本篇不再赘述。

鼠李目（*Rhamnales*）特征已在第一篇乔木中予以介绍，本篇不再赘述。

葡萄科（*Vitaceae*）。攀缘木质藤本，稀草质藤本。单叶、羽状或掌状复叶，互生。花小，两性或杂性同株或异株，排列成伞房状多歧聚伞花序、复二歧聚伞花序或圆锥状多歧聚伞花序，4～5基数；花瓣与萼片同数，分离或凋谢时呈帽状黏合脱落；雄蕊与花瓣对生，在两性花中雄蕊发育良好，在单性花雌花中雄蕊常较小或极不发达，败育；子房上位，通常2室，果实为浆果。

葡萄科有16属约700余种，主要分布于热带和亚热带，少数种类分布于温带。我国有9属150余种，南北各省均产，东北、华北各省区种类较少。东北大学有2属3种。

玄参目、紫葳科特征已在第一篇乔木中予以介绍，本篇不再赘述。

川续断目、忍冬科特征已在第二篇灌木中予以介绍，本篇不再赘述。

蔷薇科

野蔷薇 *Rosa multiflora* Thunb.

蔷薇科　蔷薇属　　　　别名：蔷薇、多花蔷薇

开花时整体形态（浑南校区5号学生宿舍庭院）

形态特征：攀缘灌木。小枝圆柱形，有短、粗稍弯曲皮束。奇数羽状复叶，小叶5~9枚；小叶片倒卵形、长圆形或卵形，边缘有尖锐单锯齿。花多朵，排成圆锥状花序；花瓣宽倒卵形，先端微凹。果近球形，红褐色或紫褐色，有光泽，无毛，萼片脱落。本种常见的庭院栽培品种有原变种、粉团蔷薇、七姊妹和白玉堂等。东北大学栽培的品种主要有七姊妹和白玉堂。前一种粉红色，后一种白色。

开花时整体形态（南湖校区校园绿化中心入口处）

生长习性：喜阳光，耐寒、耐旱、耐水湿，适应性强，对土壤要求不严。

校内分布：南湖校区绿化中心入口处、外招、家属区等地；浑南校区4号和5号学生宿舍庭院，2、3号学生宿舍西围墙。

价值功用：蔷薇原产于中国，在庭院造景时可布置成花柱、花架、花廊、墙垣等造型，开花时远看锦绣一片，红花遍地，近看花团锦簇，鲜红艳丽，非常美丽。蔷薇是优良的垂直绿化材料。

开花时整体形态（浑南校区2号学生宿舍西围墙）

奇数羽状复叶形态

花形态（七姊妹）

花形态（白玉堂）

果实形态

开花时整体形态（南湖校区家属区）

葡萄科

地锦 *Parthenocissus tricuspidata* （Sieb. et Zucc.）Planch.

葡萄科　地锦属　　　别名：爬山虎、爬墙虎

秋季红叶整体形态（浑南校区图书馆东南）

叶片形态

果实形态

形态特征： 木质藤本。小枝圆柱形。卷须相隔2节间断与叶对生。卷须5~9分枝，顶端嫩时膨大呈圆珠形，后遇附着物扩大成吸盘。叶为单叶，通常着生在短枝上为3浅裂，叶片通常倒卵圆形，顶端裂片急尖，基部心形，边缘有粗锯齿。花序着生在短枝上，基部分枝，形成多歧聚伞花序；花瓣5枚，长椭圆形。果实球形。花期5—8月，果期9—10月。

生长习性： 性喜阴湿，耐旱，耐寒，冬季可耐-20 ℃低温。对气候、土壤的适应能力很强。

校内分布： 南湖校区开闭站、滨湖里家属区东围墙等，浑南校区图书馆。

价值功用： 地锦是很好的垂直绿化材料，既能美化墙壁，又能防暑隔热。对二氧化硫等有害气体有较强的抗性，适宜配置在宅院墙壁、围墙、庭院入口处等。

文化寓意： 爬山虎有锲而不舍、奋发向上的寓意。

五叶地锦　*Parthenocissus quinquefolia* （L.）Planch.

葡萄科　地锦属　　　　别名：美国爬山虎、美国地锦

秋季红叶整体形态（南湖校区家属区）

秋季红叶形态

夏季叶片形态

花形态

形态特征： 木质藤本。小枝圆柱形，无毛。卷须5～9分枝，相隔2节间断与叶对生，卷须顶端嫩时尖细卷曲，后遇附着物扩大成吸盘。叶为掌状5小叶，小叶倒卵圆形、倒卵椭圆形或外侧小叶椭圆形，顶端短尾尖，边缘有粗锯齿。花序假顶生形成主轴明显的圆锥状多歧聚伞花序；花瓣5枚，长椭圆形，无毛。果实球形。花期6—7月，果期8—10月。

生长习性： 较耐寒，耐阴，耐贫瘠，对土壤与气候适应性较强，干燥条件下也能生存。

校内分布： 南湖校区家属区，外招东花架。

价值功用： 原产于北美。整株占地面积小，向空中延伸，很容易见到绿化效果，而且抗氯气能力强，随着季相变化而变色，是绿化、美化、彩化、净化的垂直绿化好材料。

山葡萄 *Vitis amurensis* Rupr.

葡萄科 葡萄属

植株整体形态（沈河校区原锅炉房围墙处）

叶片形态

卷须形态

果实形态（未成熟）

形态特征：

木质藤本。小枝圆柱形，无毛，嫩枝疏被蛛丝状茸毛。卷须2～3分枝，每隔2节间断与叶对生。叶阔卵圆形，叶基部心形，边缘有粗锯齿，基生脉5出，中脉有侧脉5～6对。圆锥花序疏散，与叶对生；花瓣5枚，呈帽状黏合脱落。果实直径1～1.5厘米。花期5—6月，果期7—9月。

生长习性：产于东北三省，耐旱怕涝，对土壤要求不严。

校内分布：南湖校区上水加压站院内，沈河校区，国家大学科技园浑南园区。

价值功用：分布广，变异大。本种在葡萄属中是抗寒能力最强的种类，尤其是东北地区的群体。

文化寓意：两种寓意，一种是人丁兴旺，象征着多子多福；另一种是做事情事半功倍的意思。

紫葳科

微百科

凌霄　*Campsis grandiflora*（Thunb.）Schum.

紫葳科　凌霄属　　　　别名：上龙树、五爪龙

开花时整体形态（南湖校区家属区）

奇数羽状复叶形态

二强雄蕊形态

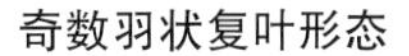

形态特征：攀缘藤本。茎木质，表皮脱落，枯褐色，以气生根攀附于他物之上。叶对生，奇数羽状复叶；小叶7~9枚，卵形至卵状披针形，顶端尾状渐尖，基部两侧不等大，边缘有粗锯齿。顶生疏散的短圆锥花序。花冠内面鲜红色，外面橙黄色。二强雄蕊。蒴果顶端钝。花期5—8月。

生长习性：性强健，喜温暖；较耐寒；喜阳光充足，较耐阴；在盐碱、瘠薄的土壤中也能正常生长。

校内分布：南湖校区家属区、英才学院。

价值功用：凌霄老干扭曲盘旋、苍劲古朴，花色鲜艳，芳香味浓，花期很长，极具观赏性。

文化寓意：花语是敬佩、声誉。

忍冬科

忍冬 *Lonicera japonica* Thunb.

忍冬科　忍冬属　　　别名：金银花、金银藤

微百科

开花时整体形态（南湖校区家属区）

叶片形态

花形态

形态特征：半常绿藤本。幼枝橘红褐色，密被黄褐色、开展的硬直糙毛、腺毛和短柔毛。叶纸质，卵形至矩圆状卵形，顶端尖或渐尖，基部圆或近心形，有糙缘毛。花冠白色，有时基部向阳面呈微红，后变黄色，唇形，筒稍长于唇瓣，上唇裂片顶端钝形，下唇带状而反曲。果实圆形，熟时蓝黑色。花期4—6月（秋季亦常开花），果期10—11月。

生长习性：金银花的适应性很强，对土壤和气候的要求并不严格。

校内分布：南湖校区家属区。

价值功用：除了做园林观赏植物外，更是一种具有悠久历史的中药。

文化寓意：金银花的花语有鸳鸯成对、厚道之意，诚实的爱、真爱等。

参考文献

[1] 中国科学院植物研究所系统与进化植物学国家重点实验室. 植物智[EB/OL].(2009-12-01)[2023-05-21]. www.iplant.cn.

[2] 李书心. 辽宁植物志[M]. 沈阳：辽宁科学技术出版社，1992.

[3] 陈有民. 园林树木学[M]. 北京：中国林业出版社，1990.

[4] 李作文，李雪飞，刘家祯. 东北地区观赏树木图谱[M]. 沈阳：辽宁科学技术出版社，2019.

[5] 王书凯，王忠彬，陈清霖，等. 辽宁常见易混淆树种鉴别图谱[M]. 沈阳：辽宁科学技术出版社，2017.

[6] 周洪义，张清，袁东升. 园林景观植物图鉴[M]. 北京：中国林业出版社，2009.

附 录

东北大学校园观赏植物名录及索引（木本植物）

序号	科	属	种	拉丁学名	页数	校区分布
1	银杏科	银杏属	银杏	*Ginkgo biloba* L.	4	
2	松科	冷杉属	沙松冷杉	*Abies holophylla* Maxim.	8	
3		落叶松属	黄花落叶松	*Larix olgensis* Henry	9	仅沈河1株
4		云杉属	红皮云杉	*Picea koraiensis* Nakai	10	
5			蓝粉云杉	*Picea pungens* ‘Glauca’	11	仅浑南
6		松属	华山松	*Pinus armandii* Franch.	12	
7			赤松	*Pinus densiflora* Sieb. et Zucc.	13	仅南湖
8			红松	*Pinus koraiensis* Siebold et Zuccarini	14	仅南湖2株
9			北美乔松	*Pinus strobus* L.	15	仅浑南
10			油松	*Pinus tabuliformis* Carriere	16	
11			樟子松	*Pinus sylvestris* var. *mongolica* Litv.	17	仅南湖
12	柏科	刺柏属	杜松	*Juniperus rigida* Sieb. et Zucc.	18	仅南湖
13		侧柏属	侧柏	*Platycladus orientalis*（L.）Franco	19	仅南湖
14		圆柏属	圆柏	*Juniperus chinensis* L.	20	仅南湖
15			丹东桧柏	*Juniperus chinensis* ‘Dandongbai’	21	
16			沈阳桧柏	*Juniperus chinensis* ‘Shenyangbai’	22	
17			河北桧柏	*Juniperus chinensis* ‘hebei’	23	仅浑南
18			砂地柏	*Juniperus sabina* L.	24	
19		崖柏属	北美香柏	*Thuja occidentalis* L.	25	仅浑南
20	红豆杉科	红豆杉属	东北红豆杉	*Taxus cuspidata* Sieb. et Zucc.	27	

续表

序号	科	属	种	拉丁学名	页数	校区分布
21	木兰科	玉兰属	白玉兰	*Yulania denudata* (Desr.) D. L. Fu	30	
22			紫玉兰	*Yulania liliiflora* (Desr.) D. L. Fu	32	仅南湖
23		天女花属	天女木兰	*Oyama sieboldii* (K. Koch.) N. H. Xia & C. Y. Wu	33	仅南湖
24	悬铃木科	悬铃木属	二球悬铃木	*Platanus acerifolia* (Aiton) Willd.	35	仅南湖
25	杜仲科	杜仲属	杜仲	*Eucommia ulmoides* Oliver	36	
26	榆科	榆属	榆树	*Ulmus pumila* L.	38	
27			垂榆	*Ulmus pumila* ‘pendula’	39	仅南湖
28			金叶榆	*Ulmus pumila* ‘jinye’	40	
29		朴属	小叶朴	*Celtis bungeana* Bl.	41	
30	桑科	桑属	桑	*Morus alba* L.	42	
31			龙爪桑	*Morus alba* ‘Tortuosa’	43	
32			鸡桑	*Morus australis* Poir.	43	仅南湖
33	胡桃科	胡桃属	胡桃楸	*Juglans mandshurica* Maxim.	45	
34			胡桃	*Juglans regia* L.	46	仅南湖
35		枫杨属	枫杨	*Pterocarya stenoptera* C. DC.	47	仅南湖
36	壳斗科	栎属	蒙古栎	*Quercus mongolica* Fischer ex Ledebour	49	
37			辽东栎	*Quercus liaotungensis* Koidz.	50	
38			锐齿槲栎	*Quercus aliena* var. *acutiserrata* Maxim.	51	仅南湖
39			槲树	*Quercus dentata* Thunb.	52	仅浑南
40			红槲栎	*Quercus rubra* L.	53	仅浑南
41	桦木科	桦木属	白桦	*Betula platyphylla* Suk.	54	
42	椴树科	椴树属	紫椴	*Tilia amurensis* Rupr.	56	仅南湖
43			欧洲小叶椴	*Tilia cordata* Mill.	57	仅浑南
44	杨柳科	杨属	北京杨	*Populus* × *beijingensis* W. Y. Hsu	59	仅南湖
45			青杨	*Populus cathayana* Rehd.	60	仅南湖
46			小叶杨	*Populus simonii* Carr.	61	仅南湖
47			新疆杨	*Populus alba* var. *pyramidalis* Bunge	62	
48			银中杨	*Populus alba* × *P. Berolinensis*	63	仅浑南
49			毛白杨	*Populus tomentosa* Carrière	64	仅南湖

续表

序号	科	属	种	拉丁学名	页数	校区分布
50	杨柳科	柳属	加拿大杨	*Populus × canadensis* Moench	65	仅沈河
51			垂柳	*Salix babylonica* L.	66	
52			旱柳	*Salix matsudana* Koidz.	67	
53			竹柳	*Salix babylonica* L.	68	仅浑南
54	蔷薇科	山楂属	山楂	*Crataegus pinnatifida* Bge.	70	仅南湖
55			大果山楂	*Crataegus pinnatifida* var. major N.E.Br.	71	仅浑南
56		苹果属	山荆子	*Malus baccata*（L.）Borkh.	72	仅南湖
57			光辉海棠	*Malus* ‘Radiant’	73	
58			西府海棠	*Malus × micromalus* Makino	74	仅南湖
59			垂丝海棠	*Malus halliana* Koehne	75	仅南湖
60			亚斯特海棠	*Malus* ‘Ester’	76	
61			红肉苹果	*Malus pumila* var. *niedzwetzkyana*（Dieck）Schneid	77	仅浑南
62			苹果	*Malus pumila* Mill.	78	仅南湖
63		木瓜属	贴梗海棠	*Chaenomeles speciosa*（Sweet）Nakai	156	仅南湖
64			日本贴梗海棠	*Chaenomeles japonica*（Thunb.）Lindl. ex Spach	157	仅南湖
65		花楸属	花楸	*Sorbus pohuashanensis*（Hance）Hedl.	79	
66			水榆花楸	*Sorbus alnifolia*（Sieb. et Zucc.）K.Koch	80	仅浑南
67		梨属	秋子梨	*Pyrus ussuriensis* Maxim.	81	
68			南果梨	*Pyrus ussuriensis* ‘Nanguoli’.	82	仅浑南
69		李属	京桃	*Prunus davidiana*（Carr.）C. de Vos	83	
70			桃	*Prunus persica* L.	84	仅南湖
71			红花碧桃	*Prunus persica* ‘Rubro-plena’	85	仅南湖
72			红叶碧桃	*Prunus persica* ‘Atropurpurea’	86	仅南湖
73			榆叶梅	*Prunus triloba*（Lindl.）Ricker	146	
74			山杏	*Prunus sibirica*（L.）Lam.	87	
75			东北杏	*Prunus mandshurica*（Maxim.）Koehne	88	
76			大扁杏	*prunus armeniaca* ‘Dabianxing’	89	
77			欧洲甜樱桃	*Prunus avium*（L.）Moench	90	仅浑南

续表

序号	科	属	种	拉丁学名	页数	校区分布
78	蔷薇科	李属	欧洲酸樱桃	*Prunus cerasus* L.	91	仅南湖
79			山樱花	*Prunus serrulata* (Lindl.) G. Don ex London	92	
80			日本晚樱	*Prunus serrulata* var. *lannesiana* (Carri.) Makino	93	
81			麦李	*Prunus glandulosa* (Thunb.) Lois.	147	仅南湖
82			毛樱桃	*Prunus tomentosa* (Thunb.) Wall.	148	
83			稠李	*Prunus padus* L.	94	
84			山桃稠李	*Prunus maackii* (Rupr.) Kom.	95	
85			紫叶稠李	*Prunus virginiana* L.	96	仅浑南
86			李子	*Prunus salicina* Lindl.	97	
87			紫叶李	*Prunus cerasifera* f. *atropurpurea* (Jacq.) Rehd.	98	
88		蔷薇属	黄刺玫	*Rosa xanthina* Lindl.	149	
89			玫瑰	*Rosa rugosa* Thunb.	150	
90			月季花	*Rosa chinensis* Jacq.	151	仅南湖
91			野蔷薇	*Rosa multiflora* Thunb.	182	
92		珍珠梅属	东北珍珠梅	*Sorbaria sorbifolia* (L.) A. Br.	152	
93		绣线菊属	金山绣线菊	*Spiraea* × *bumalda* 'Gold Mound'	153	
94			金焰绣线菊	*Spiraea* × *bumalda* 'Gold Flame'	154	
95			珍珠绣线菊	*Spiraea thunbergii* Sieb. ex Blume.	155	
96	豆科	紫荆属	紫荆	*Cercis chinensis* Bunge	100	仅南湖
97		皂荚属	山皂荚	*Gleditsia japonica* Miq.	101	
98		合欢属	合欢	*Albizia julibrissin* Durazz.	102	仅南湖
99		马鞍树属	朝鲜槐	*Maackia amurensis* Rupr. et Maxim.	103	仅南湖
100		刺槐属	刺槐	*Robinia pseudoacacia* L.	104	
101			香花槐	*Robinia pseudoacacia* 'Idaho'	105	仅南湖
102		槐属	国槐	*Styphnolobium japonicum* (L.) Schott	106	
103			龙爪槐	*Styphnolobium japonicum* 'Pendula'	107	仅南湖
104	山茱萸科	山茱萸属	灯台树	*Cornus controversa* Hemsley	109	
105			山茱萸	*Cornus officinalis* Sieb. et Zucc.	110	仅南湖2株
106			红瑞木	*Cornus alba* L.	159	

续表

序号	科	属	种	拉丁学名	页数	校区分布
107	卫矛科	卫矛属	桃叶卫矛	*Euonymus maackii* Rupr.	111	
108	鼠李科	枣属	枣树	*Ziziphus jujuba* Mill.	113	
109	无患子科	栾属	栾树	*Koelreuteria paniculata* Laxm.	114	
110		文冠果属	文冠果	*Xanthoceras sorbifolium* Bunge	116	仅南湖
111	槭树科	槭属	元宝枫	*Acer truncatum* Bunge	117	
112			五角枫	*Acer pictum* subsp. *mono*（Maxim.）H. Ohashi	118	
113			拧筋槭	*Acer triflorum* Kom.	119	
114			假色槭	*Acer pseudosieboldianum*（Pax）Kom.	120	
115			糖槭	*Acer negundo* L.	121	
116			金叶复叶槭	*Acer negundo* ‘Aurea’	122	
117			美国红枫	*Acer rubrum* L.	123	
118			茶条槭	*Acer tataricum* subsp. *ginnala*（Maxim.）Wesmael	161	
119	漆树科	黄栌属	黄栌	*Cotinus coggygria* Scop.	124	
120		盐肤木属	火炬树	*Rhus typhina* L.	125	
121	苦木科	臭椿属	臭椿	*Ailanthus altissima*（Mill.）Swingle	126	
122	芸香科	黄檗属	黄檗	*Phellodendron amurense* Rupr.	127	
123	木犀科	梣属	白蜡	*Fraxinus chinensis* Roxb.	129	
124			金叶白蜡	*Fraxinus chinensis* ‘Aurea’	130	仅浑南
125			水曲柳	*Fraxinus mandshurica* Rupr.	131	
126			花曲柳	*Fraxinus chinensis* subsp. *rhynchophylla*（Hance）E. Murray	132	仅浑南
127		丁香属	暴马丁香	*Syringa reticulata* subsp. *amurensis*（Ruprecht）P. S. Green & M. C. Chang	133	仅浑南
128			小叶丁香	*Syringa pubescens* subsp. *microphylla*（Diels）M.C.Chang & X.L.Chen	168	
129			紫丁香	*Syringa oblata* Lindl.	169	
130			白丁香	*Syringa oblata* ‘Alba’	170	
131			红丁香	*Syringa villosa* Vahl	171	仅南湖1株
132		连翘属	东北连翘	*Forsythia mandschurica* Uyeki	164	
133			金钟连翘	*Forsythia* × *intermedia* Zabel	165	

续表

序号	科	属	种	拉丁学名	页数	校区分布
134	木犀科	女贞属	水蜡	*Ligustrum obtusifolium* Sieb. et Zucc.	167	
135	紫葳科	梓属	梓树	*Catalpa ovata* G. Don	134	
136		凌霄属	凌霄	*Campsis grandiflora* (Thunb.) Schum.	187	仅南湖
137	小檗科	小檗属	紫叶小檗	*Berberis thunbergii* 'Atropurpurea'	138	仅南湖
138	锦葵科	木槿属	木槿	*Hibiscus syriacus* L.	140	仅南湖
139	杜鹃花科	杜鹃属	迎红杜鹃	*Rhododendron mucronulatum* Turcz.	142	仅浑南
140	虎耳草科	绣球属	大花水桠木	*Hydrangea paniculata* 'Grandiflora'	143	
141		山梅花属	京山梅花	*Philadelphus pekinensis* Rupr.	144	仅南湖
142			堇叶山梅花	*Philadelphus tenuifolius* Rupr. ex Maxim.	145	仅浑南
143	黄杨科	黄杨属	朝鲜黄杨	*Buxus sinica* var. *insularis* (Nakai) M. Cheng	160	
144	马鞭草科	莸属	金叶莸	*Caryopteris* × *clandonensis* 'Worcester Gold'	162	仅南湖
145	忍冬科	忍冬属	金银忍冬	*Lonicera maackii* (Rupr.) Maxim.	172	
146			蓝叶忍冬	*Lonicera korolkowii* Stapf	173	
147			忍冬	*Lonicera japonica* Thunb.	188	仅南湖
148		锦带花属	锦带花	*Weigela florida* (Bunge) A. DC.	174	
149			红王子锦带	*Weigela florida* 'Red Prince'	175	
150		荚蒾属	鸡树条荚蒾	Viburnum opulus subsp. calvescens (Rehder) Sugimoto	176	
151		接骨木属	接骨木	*Sambucus williamsii* Hance	177	
152		猬实属	猬实	*Kolkwitzia amabilis* Graebn.	178	
153	葡萄科	地锦属	地锦	*Parthenocissus tricuspidata* (Sieb. et Zucc.) Planch.	184	
154			五叶地锦	*Parthenocissus quinquefolia* (L.) Planch.	185	仅南湖
155		葡萄属	山葡萄	*Vitis amurensis* Rupr.	186	
156	芍药科	芍药属	牡丹	*Paeonia suffruticosa* Andr.	139	仅南湖

注：1. 本校园观赏植物名录及索引按植物分类科属排列。

2. 东北大学校园观赏植物木本植物（秦皇岛分校除外）共有35科70属156种。

3. 各校区木本植物分布情况：南湖校区共有34科67属134种，浑南校区共有30科55属106种。仅在南湖校区分布的植物有48种，仅在浑南校区分布的植物有20种，仅在沈河校区分布的植物有2种。

4. 校区分布中未标注的表示该品种至少在两个校区有分布。

5. 本植物图鉴数据统计时间截至2021年10月。

主编介绍

袁　飞

2004年毕业于沈阳农业大学园林专业，同年入职东北大学。长期从事学校后勤保障服务工作。在校园绿化养护监督管理工作期间，曾参与校园植树计划的制定和实施，陆续引进白玉兰、海棠、东北红豆杉、日本晚樱、山茱萸等珍贵品种，丰富了校园植物配置。在此期间，编者统计调查全校植物种类及分布情况，建立了东北大学校园观赏植物档案，填补了该项工作的空白。